U0033000

一輩子用得上的
尺寸事典
全能住宅裝修必備

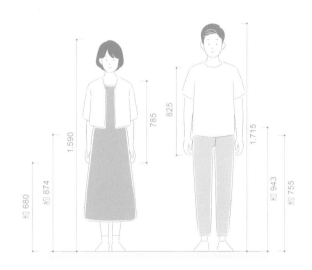

X-Knowledge———著　林詠純———譯

PART 1

人體的基本尺寸

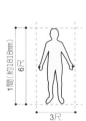

PART 2

不同空間的基本尺寸

玄關・入口

走廊

樓梯

廚房

儲藏室

家事空間

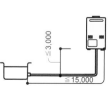

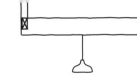

住宅尺寸的基本

凡例

基本設計的標準尺寸	------------------
大於標準	------------------
小於標準	------------------
採光［＊］	☀━━━━━▶
通風	～～～～～▶
視線	◀━━━━━▶

※ 本書根據《建築知識》2018 年 12 月號、2019 年 8 月號特輯
　重新編輯而成

PART **1**

人體的
基本尺寸

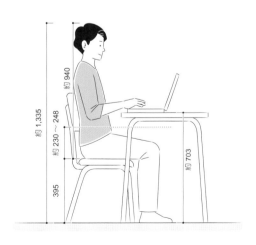

成年男性的平均身高為 1,715mm

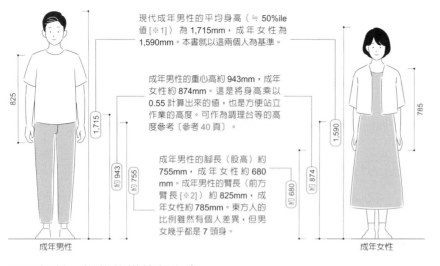

現代成年男性的平均身高（≒50%ile 值[※1]）為 1,715mm，成年女性為 1,590mm。本書就以這兩個人為基準。

成年男性的重心高約 943mm，成年女性約 874mm。這是將身高乘以 0.55 計算出來的值，也是方便站立作業的高度。可作為調理台等的高度參考〔參考40頁〕。

成年男性的腳長（股高）約 755mm，成年女性約 680 mm。成年男性的臂長（前方臂長[※2]）約 825mm，成年女性約 785mm。東方人的比例雖然有個人差異，但男女幾乎都是 7 頭身。

成年男性　　成年女性

不同年齡‧世代的模特兒身高

高齡者（70 歲）身高為男性 1,640mm，女性 1,510mm。

兒童的平均身高，6歲的男孩為 1,165mm，6 歲的女孩為 1,156mm。這裡指的是正在發育的 11 歲男孩，平均身高為 1,452mm，同齡女孩則為 1,468mm。

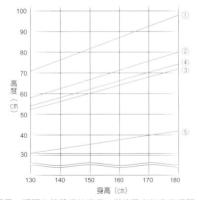

高齡男性　　高齡女性　　兒童（男孩）

至於玄關與土間（日式玄關穿脫鞋處）等空間，則參考穿著鞋子時的身高設定。

表　鞋子的高度（mm）

	男鞋			女鞋		
	低	標準	高	低	標準	高
皮鞋	20	30	50	20	50	80
靴子	—	40	—	35	70	110
涼鞋	20	40	80	20	60	115
橡膠長靴	20	30	40	20	30	40

身高與方便作業的高度的相對關係

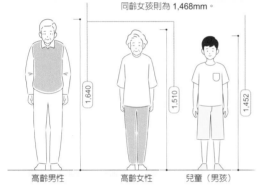

櫃子、調理台等設備的高度，與使用者的身高相關，因此只要知道身高，就能根據上圖設定必要高度（例：手伸長可以搆到的高度：身高 ×1.33）。

人體的重心點‧調理台的高度：身高 ×0.55

洗臉台的高度：身高 ×0.45

容易使用的櫃子高度（下限）：身高 ×0.40

辦公桌高度：身高 ×0.41／椅子高度：身高 ×0.23

※1 百分位數（%ile）指的是將數值分布曲線切割成無限小的數值累積起來後，相對於總面積的比例。附帶一提，成年男性的身高 95%ile 值為 1,820mm，5%ile 值為 1,612mm，成年女性身高的 95%ile 值為 1,652mm、5%ile 值為 1,527mm ｜ ※2 背靠著牆壁站立，將上肢往前方伸直時，從牆面到中指前端的距離。

掌握人體的基本尺寸

對於住宅設計而言，生活在其中的人的尺寸，是設定高度時不可或缺的要素。設計時可以配合屋主的尺寸，但不可能每個動作都測量，所以最好事先知道人體的基本尺寸作為參考。人體尺寸以成年男性為基礎，但也請掌握性別、世代、年齡的差異。

靜態身高與動態身高，活動時扣掉 20mm，躺著時加上 20mm

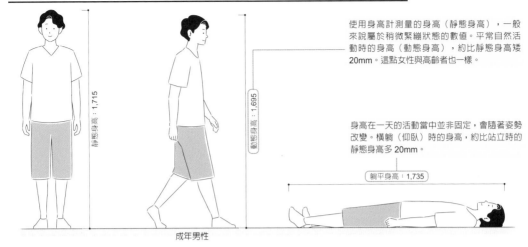

使用身高計測量的身高（靜態身高），一般來說屬於稍微緊繃狀態的數值。平常自然活動時的身高（動態身高），約比靜態身高矮20mm。這點女性與高齡者也一樣。

身高在一天的活動當中並非固定，會隨著姿勢改變。橫躺（仰臥）時的身高，約比站立時的靜態身高多 20mm。

靜態身高：1,715

動態身高：1,695

躺平身高：1,735

成年男性

能夠以自然姿勢移動的高度，成人為 150mm，高齡者為 20mm

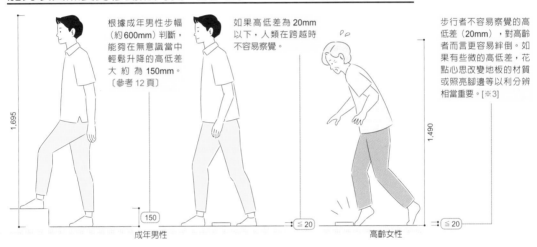

根據成年男性步幅（約 600mm）判斷，能夠在無意識當中輕鬆升降的高低差大約為 150mm。〔參考 12 頁〕

如果高低差為 20mm以下，人類在跨越時不容易察覺。

步行者不容易察覺的高低差（20mm），對高齡者而言更容易絆倒。如果有些微的高低差，花點心思改變地板的材質或照亮腳邊等以利分辨相當重要。[※3]

1,695

150

成年男性

≦ 20

1,490

≦ 20

高齡女性

靜止時頭頂需要的留空尺寸

一般而言，客廳的天花板高度通常是 2,350 ～ 2,400mm 左右。如果是坐在椅子上的西式空間，最好有 2,400mm 以上。

如果不考慮姿勢條件，推測頭頂的留空尺寸必須超過將手自然伸長可以摸到的高度（約為靜態身高的30%）。[※4]

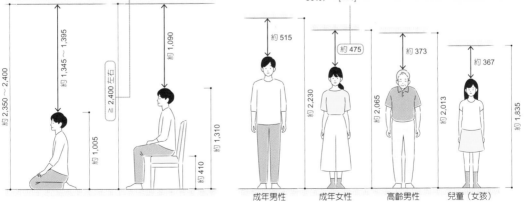

約 2,350～2,400

約 1,345 ～ 1,395

≧ 2,400 左右

約 1,005

約 1,090

約 1,310

約 410

約 515
約 2,230
成年男性

約 475
約 2,065
成年女性

約 373
約 2,013
高齡男性

約 367
約 1,835
兒童（女孩）

解說　若井正一｜＊套用到設計尺寸時，必須考慮體格差異與動作特性的差異。

※3 如果走路時習慣拖著腳步，即使不是高齡者也容易因為微小的高低差而絆倒，必須注意。室內最好盡量保持平坦。｜※4 高齡者考慮到柔軟度，兒童考慮到上肢長，留空尺寸以身高的約 25% 計算。

隔間物與落地窗需要的頭頂留空尺寸為 250 ～ 300mm

人採用自然的姿勢步行通過平坦場所時的動態身高值，約為靜態身高減去 20mm [※1]〔參考 9 頁〕。步行時不會擔心撞到頭的留空尺寸，約為靜態身高加上 250 ～ 300mm [※2]。

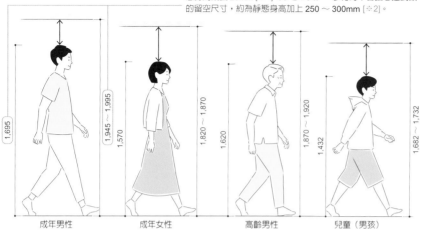

成年男性　成年女性　高齡男性　兒童（男孩）

通道的淨寬度 850mm 以上

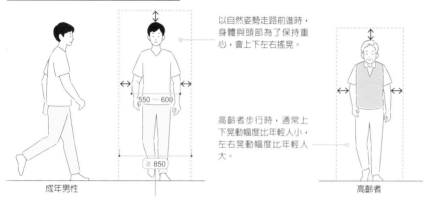

成年男性　　高齡者

以自然姿勢走路前進時，身體與頭部為了保持重心，會上下左右搖晃。

高齡者步行時，通常上下晃動幅度比年輕人小，左右晃動幅度比年輕人大。

身體左右需要的留空尺寸為 200 ～ 250mm。如果成年男子穿衣時的最大體寬為 550 ～ 600mm，通道的淨寬就需要 850mm（600+250）以上。至於女性、高齡者與兒童需要的寬度則較小。

側身通過的寬度為 600mm 以上　橫向步行的寬度為 400mm 以上

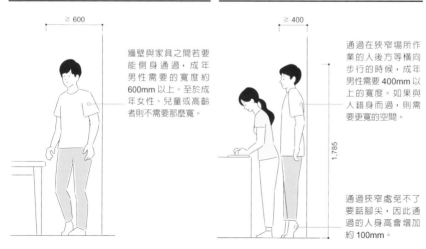

牆壁與家具之間若要能側身通過，成年男性需要的寬度約 600mm 以上。至於成年女性、兒童或高齡者則不需要那麼寬。

通過在狹窄場所作業的人後方等橫向步行的時候，成年男性需要 400mm 以上的寬度。如果與人錯身而過，則需要更寬的空間。

通過狹窄處免不了要踮腳尖，因此通過的人身高會增加約 100mm。

※1 玄關或土間等需要加上鞋子的高度 | ※2 身高 95%ile 的成年男性（1,820mm）以自然的姿勢步行時，需要 2,100mm（≒ 1,820mm ＋ 250 ～ 300mm）以上的高度才能在通過時不需擔心撞到頭。
* 套用設計尺寸時，必須考慮體格差異與動作特性的差異。

掌握人體移動時的尺寸

建築物的高度，不是只取決於靜態身高、動態身高〔參考 9 頁〕與屋主的身高。空間的實際高度，當然必須超過人體的尺寸。設定天花板高度與隔間物、開口部等的高度時，也請參考頭頂與身體周圍需要的「留空尺寸」大小，以及穿過較低的樑下等障礙物時必要的尺寸。

穿過樑下時需要的留空尺寸

在平坦的場所穿過樑下時，成年男性需要的頭頂最小留空尺寸約為 75mm，成年女性約為 85mm。

因為擔心撞到頭而彎腰穿過比靜態身高低的開口部時，頭頂需要的留空尺寸約為 50 ～ 150mm [※3]。

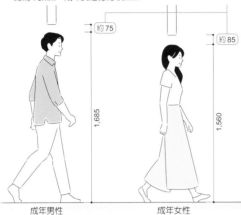

約75

約85

1,685

1,560

成年男性　　　成年女性

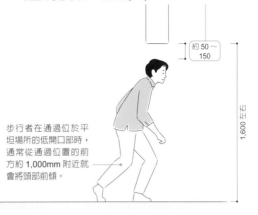

約50～150

1,600 左右

步行者在通過位於平坦場所的低開口部時，通常從通過位置的前方約 1,000mm 附近就會將頭部前傾。

在斜坡等傾斜的場所穿過樑下時，頭頂的留空比平坦的場所更多

約 145

一般而言，會在女性的頭頂保留比男性多數十 mm 的空間。

1,560

上下坡度 4.5° 的一般斜坡時，能夠輕鬆穿過的樑高（下限值）與身高呈現高度相關性。

4.5°

成年女性

從平坦的場所、傾斜的場所到階梯，運動量隨著地面的坡度增加而變大，頭頂也必須保留更多的空間。

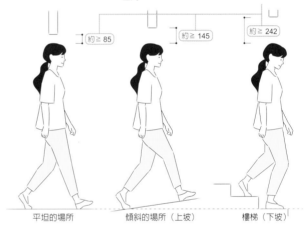

約 ≧ 85　　　約 ≧ 145　　　約 ≧ 242

平坦的場所　　傾斜的場所（上坡）　　樓梯（下坡）

貓眼的高度為身高 -115mm

能不能輕鬆自然地從貓眼窺看，與行為者的眼高有關（地板到瞳孔中心的垂直距離）。眼高的值約為身高（頭頂點高）減去 115mm。

從身高減去的值隨著兒童的成長階段改變，約為 100 ～ 110mm，因此取近似值。只要設定的尺寸符合這個範圍，就不需要勉強彎腰也能從貓眼窺看。

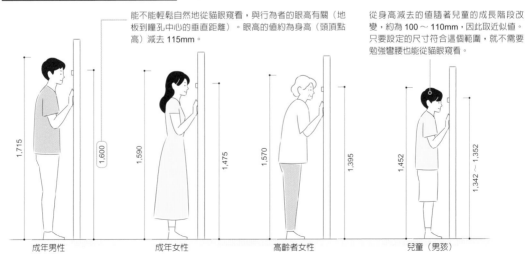

1,715　　1,600

1,590　　1,475

1,570　　1,395

1,452　　1,342 ～ 1,352

成年男性　　成年女性　　高齡者女性　　兒童（男孩）

解說　若井正一

※3 許多人在穿過上野車站內的低樑下時會彎腰，針對這個動作調查的結果發現，頭頂部的通過位置與樑下之間的留空，可分成 2 大組，分別是 50mm 與 150mm。這可能是因為有些人比較擔心撞到頭，有些人則比較不擔心。

跨越高低差

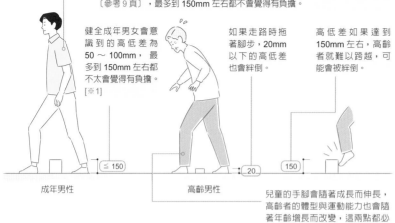

跨越障礙物對身體造成的負擔，與行為者的運動能力及步幅有關。一般來說，成年男性自然步行的步幅約 550～600mm，因此 20mm 左右的高低差不容易發現〔參考9頁〕，最多到 150mm 左右都不會覺得有負擔。

健全成年男女會意識到的高低差為 50～100mm，最多到 150mm 左右都不太覺得有負擔。[※1]

如果走路時拖著腳步，20mm 以下的高低差也會絆倒。

高低差如果達到 150mm 左右，高齡者就難以跨越，可能會被絆倒。

≤ 150

20

150

成年男性　　　高齡男性

兒童的手腳會隨著成長而伸長，高齡者的體型與運動能力也會隨著年齡增長而改變，這兩點都必須注意。

浴缸的高度

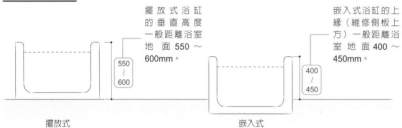

擺放式浴缸的垂直高度一般距離浴室地面 550～600mm。

550～600

嵌入式浴缸的上緣（維修側板上方）一般距離浴室地面 400～450mm。

400～450

擺放式　　　嵌入式

將浴室地面到浴缸上緣的高度設為 H，浴缸上緣到浴缸底部的高度設為 D，對成年男女而言，「D+H」的值約 800～1000mm，「D-H」的值約 150mm 左右就是容易跨越的高度設定。

浴缸外緣的寬度也會影響容易跨越的程度。需要跨越的高度（H）約 400mm，所以寬度太寬也會成為負擔。但跨越時也可能會先坐在浴缸外緣上，所以寬度至少要有 100mm 以上。

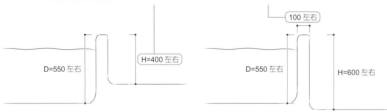

D=550 左右　　　H=400 左右

100 左右

D=550 左右　　　H=600 左右

高齡者使用的浴缸扶手，考量到安全問題，高度的設定最好同時參考浴室地板與浴缸底部。

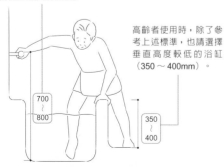

高齡者使用時，除了參考上述標準，也請選擇垂直高度較低的浴缸（350～400mm）。

700～800

350～400

高齡者

設定高度時若以跨越的容易程度為優先，選擇垂直高度較低的浴缸，幼兒可能會攀爬並掉進浴缸裡，有溺水的危險，必須使用浴缸蓋以確保安全。

350～400

幼兒

※1 這終究只是根據實驗結果算出的數值。考慮到在室內可能會拖著腳步行走，為確保安全最好不要有高低差。

跨越障礙物或上下樓梯，需要小心移動時的意外發生。尤其濕滑的浴室地板意外特別多。浴缸的適當尺寸也會因世代而異，請花點心思設計所有人都能輕鬆使用的浴室。樓梯的級高與級深等固然重要，但也必須注意上下樓梯時必要的頭頂留空尺寸。

樓梯的適當尺寸

容易上下的級高取決於級深與步行者的步幅。計算尺寸時使用的公式為「2R（級高）+T（級深）=600mm（步幅）」時。

成年男性的步幅約 600mm，若級深為 240mm，適當的級高就是 180mm。

高齡者就算高低差只有 150mm 也會感到負擔。如果級高超過 200mm，上下樓梯都會很辛苦，因此設定時必須注意。

如果有學齡期的兒童，最好配合兒童的步幅（約 500mm），將級高設定得較低。

| T | R |

240 → 180

成年男性

180

高齡女性

160
左右

兒童（女性）

參考・日本建築基準法的樓梯尺寸（最低標準）

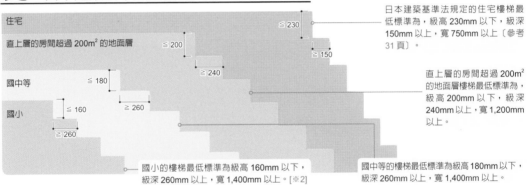

住宅 ≦ 230

直上層的房間超過 200m² 的地面層 ≦ 200

≧ 150

≧ 240

國中等 ≦ 180

國小 ≦ 160

≧ 260

≧ 260

日本建築基準法規定的住宅樓梯最低標準為，級高 230mm 以下，級深 150mm 以上，寬 750mm 以上〔參考 31 頁〕。

直上層的房間超過 200m² 的地面層樓梯最低標準為，級高 200mm 以下，級深 240mm 以上，寬 1,200mm 以上。

國小的樓梯最低標準為級高 160mm 以下，級深 260mm 以上，寬 1,400mm 以上。[※2]

國中等的樓梯最低標準為級高 180mm 以下，級深 260mm 以上，寬 1,400mm 以上。

上下樓梯時的適當空間尺寸

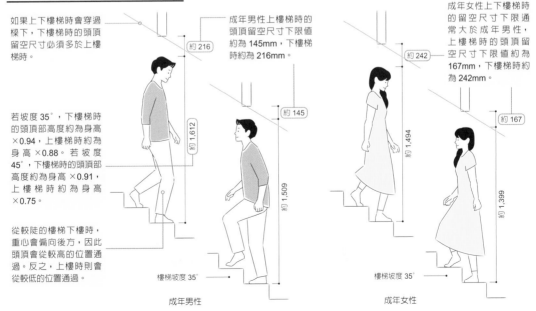

如果上下樓梯時會穿過樑下，下樓梯時的頭頂留空尺寸必須多於上樓梯時。

若坡度 35°，下樓梯時的頭頂部高度約為身高 ×0.94，上樓梯時約為身高 ×0.88。若坡度 45°，下樓梯時的頭頂部高度約為身高 ×0.91，上樓梯時約為身高 ×0.75。

從較陡的樓梯下樓時，重心會偏向後方，因此頭頂會從較高的位置通過。反之，上樓時則會從較低的位置通過。

成年男性上樓梯時的頭頂留空尺寸下限值約為 145mm，下樓梯時約為 216mm。

成年女性上下樓梯時的留空尺寸下限通常大於成年男性，上樓梯時的頭頂留空尺寸下限值約為 167mm，下樓梯時約為 242mm。

約 216

約 145

約 1,612

約 1,509

樓梯坡度 35°

成年男性

約 242

約 167

約 1,494

約 1,399

樓梯坡度 35°

成年女性

解說　若井正一｜＊套用到設計尺寸時，必須考慮體格差異與動作特性的差異。
※2 根據 2014 年的國交告 709 號，如果樓梯兩側設有扶手，踏板設有止滑，則可與國中等的樓梯適用相同標準，也就是級高 180mm 以下，級深 260mm 以上，寬 1,400mm 以上。

伸長手臂的高度為身高 ×1.33

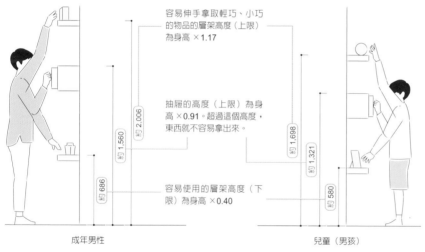

約 2,280
1,715
約 635

成年男性

約 2,114
1,590
約 589

成年女性

≦ 1,885 左右
1,452
約 535

兒童（男孩）

成年男女伸長手臂能夠構到的高度，可以用「靜態身高 ×1.33」來計算。如果將一般認為較高的成年男性（95%ile）的身高（1,820mm）代入這個公式計算，那麼手臂伸長的高度大約就是 2,420mm。

兒童的手臂較短，高齡者的運動功能隨著年齡增加而衰退，身體較難拉伸，因此應該扣掉適當數值。

設定為伸手使用的家具的順手程度 [※]

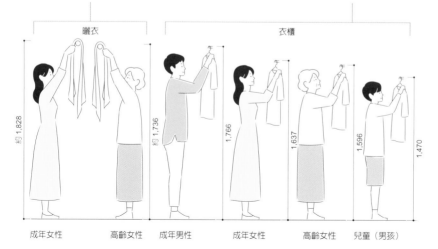

約 2,006
約 1,560
約 686

成年男性

容易伸手拿取輕巧、小巧的物品的層架高度（上限）為身高 ×1.17

抽屜的高度（上限）為身高 ×0.91。超過這個高度，東西就不容易拿出來。

容易使用的層架高度（下限）為身高 ×0.40

約 1,698
約 1,321
約 580

兒童（男孩）

晾衣服的晾衣桿高度上限為靜態身高 ×1.15。如果配合成年女性的身高設置，對於許多高齡者而言就會難以使用，因此最好設定得較低。

將衣櫃掛衣桿的高度設定得比晾衣桿低，大約是身高 ×1.03，使用起來會更順手。

晾衣

約 1,828

成年女性

約 1,736

高齡女性

衣櫃

1,766

成年男性

1,637

成年女性

1,596

高齡女性

1,470

兒童（男孩）

※ 若根據基本身高（平均身高・50%ile）以上的數值計算出大致尺寸，有時身高較矮的人就會難以使用，因此必須注意。

從作業時的尺寸思考家具尺寸

家中的作業通常會在固定的場所進行，最具代表性的就是打掃、洗衣、煮飯等家事。只要能設定適合這些作業的高度，不僅家具變得容易使用，也不會浪費收納空間。設計時不只考慮成年男女，也必須考慮包含兒童與高齡者在內的所有家族成員，才能設定方便所有人使用的尺寸。

廚房作業台的適當高度為身高 ×0.55

容易面對廚房作業台站立作業的高度為靜態身高×0.55。這個高度幾乎與人體重心相等。如果穿著室內鞋，必須考慮再加上室內鞋的高度。

廚房作業台的高度建議配合最常使用的家庭成員身高設定。如果使用的家庭成員並不固定，最好設定得較低。身高較矮的家庭成員可透過穿鞋等方式調整高度。

如果使用現成品，JIS 規格的廚房作業台高度推薦值為 800mm 與 850mm，900mm 也是標準高度，可從中選擇最接近算出值的產品。

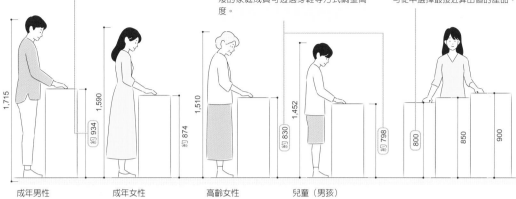

成年男性　　　　成年女性　　　　高齡女性　　　兒童（男孩）

各種作業台的適當高度

站姿使用的作業台，基本上以人的重心高度為基準。不過，作業台的尺寸也應該隨著作業內容與使用的工具而調整，譬如需要用力的作業，高度應該設定得較低，因此必須注意。

上菜的時候，身體會變成覆蓋在桌面上的姿勢，考量到這個動作的範圍，吊燈等應該設置在距離桌面上方約 900mm 的距離。

工作　　　　　　　陶藝　　　　　　　　　上菜

在室內從事運動時需要的高度

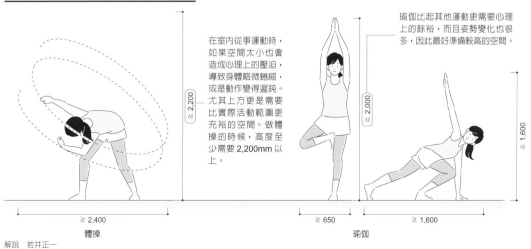

在室內從事運動時，如果空間太小也會造成心理上的壓迫，導致身體略微蜷縮，或是動作變得遲鈍。尤其上方更是需要比實際活動範圍更充裕的空間。做體操的時候，高度至少需要 2,200mm 以上。

瑜伽比起其他運動更需要心理上的餘裕，而且姿勢變化也很多，因此最好準備較高的空間。

體操　　　　　　　　　　　　　　　　瑜伽

解說　若井正一
＊套用設計尺寸時，也必須考慮體格與動作特性的差異。

身體與椅子的尺寸關係

坐在工作椅上從事文書作業的成年男性，若從座位基準點到頭頂（座高：身長 ×0.55）的高度約940mm，從座位基準點到地面的高度約395mm，那麼合計高度大約就是1,335mm。但這個高度大幅受到體格影響，因此也必須考慮使用者的體格。

椅子的椅面高度（身高×0.23）以座位基準點（圖中▼符號處：左右坐骨結節連成的線與身體正中面的交點）為基礎算出。

書桌高度為身高 ×0.41。但也必須考慮桌椅高低差[※]。成年男性的適當高度約為703mm，成年女性約為651mm（不包含鞋子的高度）

桌椅高低差雖然有個人差異，但約略相當於身高 ×0.18。成年男性約為280～300mm，成年女性約為270～290mm。

工作椅的椅面與椅背腰部支撐點的距離，大約是身高×0.145。成年男性約為248mm，成年女性約為230mm。

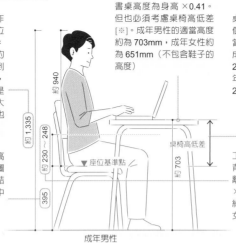

約 940 / 約 1,335 / 約 230～248 / 約 703 / 約 395 / 桌椅高低差 / ▼ 座位基準點

成年男性

不同使用者的適當工作桌椅高度

從地板到工作椅的椅面（座位基準點）的高度，成年女性約為365mm。如果穿室內鞋，也需要加上鞋子的高度。

設定兒童與高齡者的椅子尺寸時，基本上也是相同的原則。

5 幼兒坐下來的高度（座位基準點）約為265mm

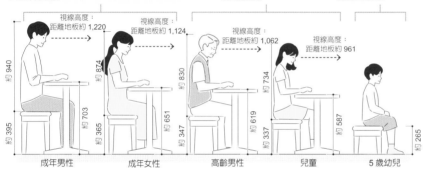

視線高度：距離地板約 1,220 / 約 940 / 約 395 / 約 703 / 成年男性

視線高度：距離地板約 1,124 / 約 874 / 約 365 / 約 651 / 成年女性

視線高度：距離地板約 1,062 / 約 830 / 約 347 / 約 619 / 高齡男性

視線高度：距離地板約 961 / 約 734 / 約 337 / 約 587 / 兒童

約 265 / 5 歲幼兒

坐在地板上也有各種姿勢

坐在地板時，有跪坐、盤坐、抱膝等各種姿勢，抱膝的高度最低。但請注意個人的體格差異。

跪坐的視線高度，比從地板到頭頂的高度低約115mm。

視線高度 / 115 / 視線：約 890 / 成年男性

跪坐 / 視線高度：約 890 / 視線高度：約 825 / 視線高度：約 890 / 約 940 / 成年男性 / 成年女性

盤坐 / 視線高度：約 750 / 視線高度：約 690 / 約 865 / 約 805 / 成年男性 / 成年女性

抱膝 / 視線高度：約 735 / 視線高度：約 675 / 約 850 / 約 790 / 成年男性 / 成年女性

※ 從座位基準點到桌面的垂直距離。

不少家庭無論用餐、工作、孩子念書等都是坐在椅子上，而椅子需要的高度取決於坐姿與作業的種類。事先知道坐、躺、靠等休息場所需要的尺寸，就能營造更舒適的空間。

坐著放鬆時的姿勢

休息用椅子的座位基準點高度（不包含鞋子）約為身高×0.165。成年男性約為282mm，成年女性約為262mm。從座位基準點到椅背上端的高度約為400mm。

隨著椅背後傾，也需要支撐頭部的枕狀配件。椅背與椅面的角度若為115°以上，可將靠頭的點設定在距離座位基準面530～580mm的高度。此外，腳掌的部分如果有腳踏板或腳踏凳會更舒服。

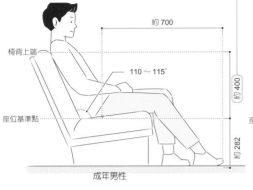

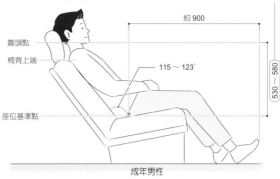

成年男性

成年男性

適合靠著的高度

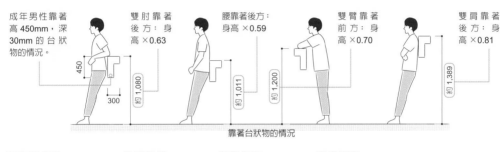

成年男性靠著高450mm，深30mm的台狀物的情況。

雙肘靠著後方：身高×0.63

腰靠著後方：身高×0.59

雙臂靠著前方：身高×0.70

雙肩靠著後方：身高×0.81

靠著台狀物的情況

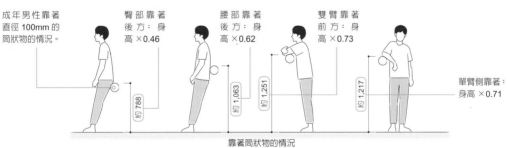

成年男性靠著直徑100mm的筒狀物的情況。

臀部靠著後方：身高×0.46

腰部靠著後方：身高×0.62

雙臂靠著前方：身高×0.73

單臂側靠著：身高×0.71

靠著筒狀物的情況

睡覺

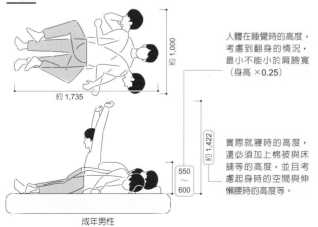

成年男性

人體在睡覺時的高度，考慮到翻身的情況，最小不能小於肩膀寬（身高×0.25）

實際就寢時的高度，還必須加上棉被與床舖等的高度，並且考慮起身時的空間與伸懶腰時的高度等。

在床上放鬆的姿勢

成年男性

想像雙腳伸直、背靠著牆壁讀書的姿勢。如果是上下舖等天花板較低的情況，在設定天花板的高度與照明位置時，除了這個數值之外，還必須考慮留空尺寸〔參考11頁〕。

解說　若井正一
＊套用到設計尺寸時，必須考慮體格差異與動作特性的差異。

PART 2

不同空間的
基本尺寸

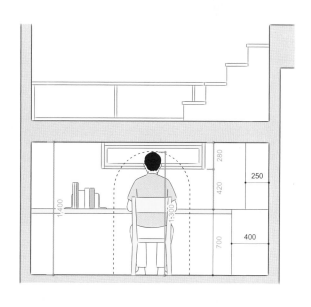

穿脫鞋子 1 坪就很夠了

玄關除了設置鞋子的收納空間之外，還可以安裝穿衣鏡與扶手，但不能妨礙鞋子的穿脫 D

【標準】若為一般地板面積 30 坪左右的住宅，玄關 1 坪就夠了 A B C

【小】玄關土間（下凹處）的正面寬度，最小尺寸約為 1,200 ～ 1,300mm。換算成面積約為 0.7 ～ 1.2 坪 D

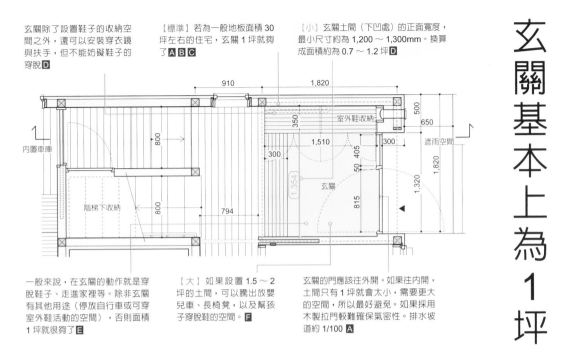

一般來說，在玄關的動作就是穿脫鞋子、走進家裡等。除非玄關有其他用途（停放自行車或可穿室外鞋活動的空間），否則面積 1 坪就很夠了 E

【大】如果設置 1.5 ～ 2 坪的土間，可以騰出放嬰兒車、長椅凳，以及幫孩子穿脫鞋的空間。 F

玄關的門應該往外開。如果往內開，土間只有 1 坪就會太小，需要更大的空間，所以最好避免。如果採用木製拉門較難確保氣密性。排水坡道約 1/100 A

平面圖 S=1:50〔Riota Design〕

調整玄關台階的高度

【標準】為了在進入客廳時感覺寬敞，天花板也可以設定成略低的高度，約 2,000 ～ 2,100mm D

【高】假設為了避免玄關台階變得太高，每一階的高度設定為 180 ～ 190mm，那麼遮雨空間的部分大約是從地盤線往上 2 個台階 A

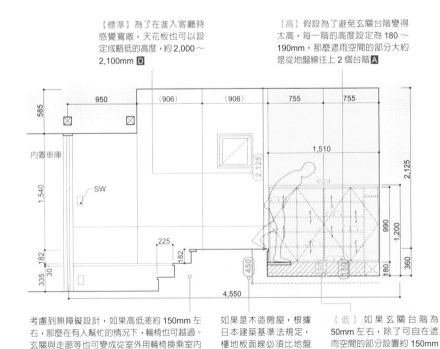

考慮到無障礙設計，如果高低差約 150mm 左右，那麼在有人幫忙的情況下，輪椅也可越過。玄關與走廊等也可變成從室外用輪椅換乘室內用輪椅的空間 B

如果是木造房屋，根據日本建築基準法規定，樓地板面線必須比地盤線高 450mm 以上。

【低】如果玄關台階為 50mm 左右，除了可在遮雨空間的部分設置約 150mm 的高低差，也可在走廊設置 200mm 左右的高低差 D

平面圖 S=1:50〔Riota Design〕

解說 **A** Ando Atelier **B** 3110ARCHITECTS 一級建築士事務所 **C** MOLX 建築社 **D** 若原工作室 **E** DesignLife 設計室 **F** 廣部剛司建築研究所

玄關基本上為 1 坪

玄關是頻繁使用的移動空間。考慮步行與穿脫鞋子的方便性，最好設定適當的高度。人可以輕鬆移動的高低差約為 150mm。評估從道路到 1 樓地板的高低差分配時可以參考。玄關的面積與天花板高度的比例，若以 40mm × 面積 +2000mm 為基準設定，就不會覺得侷促。

入口的高低差約 150mm

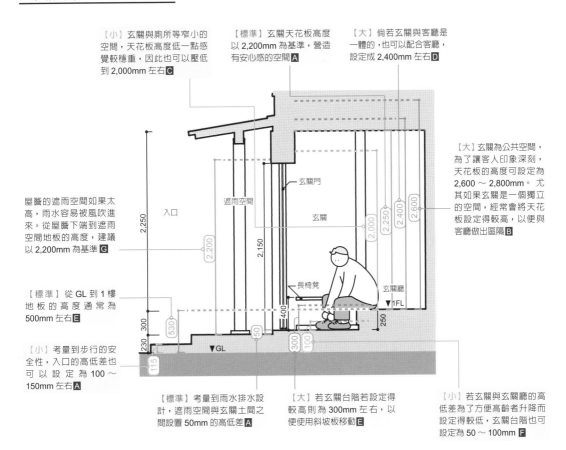

【小】玄關與廁所等窄小的空間，天花板高度低一點感覺較穩重，因此也可以壓低到 2,000mm 左右 **C**

【標準】玄關天花板高度以 2,200mm 為基準，營造有安心感的空間 **A**

【大】倘若玄關與客廳是一體的，也可以配合客廳，設定成 2,400mm 左右 **D**

【大】玄關為公共空間，為了讓客人印象深刻，天花板的高度可設定為 2,600～2,800mm。尤其如果玄關是一個獨立的空間，經常會將天花板設定得較高，以便與客廳做出區隔 **B**

屋簷的遮雨空間如果太高，雨水容易被風吹進來。從屋簷下端到遮雨空間地板的高度，建議以 2,200mm 為基準 **G**

【標準】從 GL 到 1 樓地板的高度通常為 500mm 左右 **E**

【小】考量到步行的安全性，入口的高低差也可以設定為 100～150mm 左右 **A**

【標準】考量到雨水排水設計，遮雨空間與玄關土間之間設置 50mm 的高低差 **A**

【大】若玄關台階若設定得較高則為 300mm 左右，以便使用斜坡板移動 **E**

【小】若玄關與玄關廳的高低差為了方便高齡者升降而設定得較低，玄關台階也可設定為 50～100mm **F**

玄關的無障礙設計

▷ 長椅凳的高度約為 430mm

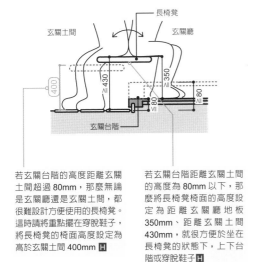

若玄關台階的高度距離玄關土間超過 80mm，那麼無論是玄關廳還是玄關土間，都很難設計方便使用的長椅凳。這時請將重點擺在穿脫鞋子，將長椅凳的椅面高度設定為高於玄關土間 400mm **H**

若玄關台階距離玄關土間的高度為 80mm 以下，那麼將長椅凳椅面的高度設定為距離玄關廳地板 350mm、距離玄關土間 430mm，就很方便於坐在長椅凳的狀態下，上下台階或穿脫鞋子 **H**

▷ 扶手朝著垂直方向延伸

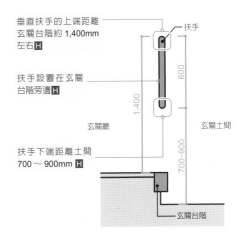

垂直扶手的上端距離玄關台階約 1,400mm 左右 **H**

扶手設置在玄關台階旁邊 **H**

扶手下端距離土間 700～900mm **H**

解說 **A** 日影良孝建築工作室、**B** 松本直子建築設計事務所、**C** Ms 建築設計事務所、**D** 藝術與工藝建築研究所、**E** 小野設計建築設計事務所、**F** 井上久實設計室、**G** NL Design 設計室、**H** 布田健

鞋子的收納容量依形狀而異

玄關需要收納鞋子的鞋櫃或掛衣鞋櫃。倘若安裝掛衣鞋櫃，除了鞋子之外也能收納大衣等，收納的物品種類將會增加，這點也必須注意。

主要的鞋子類型

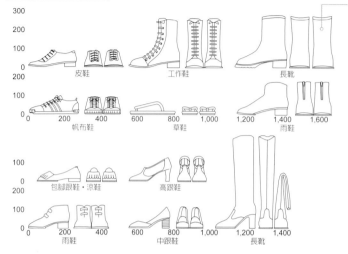

鞋子的尺寸、數量、形狀、收納方式等將大幅受到屋主的生活形態與興趣嗜好等的影響，因此設計之前請充分溝通。

外套或大衣

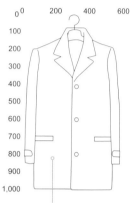

掛衣鞋櫃除了鞋子之外，也會收納大衣外套。但如果鞋櫃的尺寸配合鞋子，深度只有 300mm 左右，就很難將外套或大衣一起吊掛收納，因此請保留充分的收納空間。

鞋盒

表1 鞋盒的標準尺寸（mm）

寬	深	高
260	150	90
290	170	100
300	250	100

鞋子有時也會裝進鞋盒裡收納，建議先大致掌握鞋盒的尺寸。除此之外，將鞋子重疊收納以節省空間也是一個方法。

充實的玄關旁收納

玄關旁必要的收納。為了充實掛衣鞋櫃，也可設計成步入式或通過式收納櫃。空間的大小取決於收納的物品量以及在空間從事的行為。

通過式鞋櫃

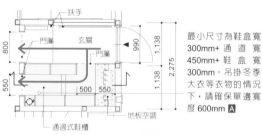

平面圖 = 1:100 [Asunaro 建築工房]

最小尺寸為鞋盒寬 300mm+ 通道寬 450mm+ 鞋盒寬 300mm。吊掛冬季大衣等衣物的情況下，請確保單邊寬度 600mm A

展開圖 S = 1:100 [Asunaro 建築工房]

若通過式鞋櫃的鞋櫃內也設置朝向室內空間的開口部，雖然會減少收納量，但能夠產生迴游性，使用起來更方便。

步入式鞋櫃

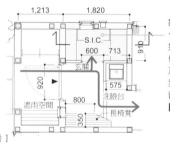

鞋櫃要保留 0.6 ～ 1.5 坪左右的空間。如果除了鞋子之外也會收納大衣，以及帶有一點戶外要素的物品時，請保留更大一點的空間 B

步入式鞋櫃內部若設有窗戶，能夠確保採光與通風，使用起來更加清潔。

若將鞋櫃設計成步入式，需要確保收納層架 300mm 的深度 + 通道寬度約 910mm 的空間。C

解說　A Asunaro 建築工房、B MOLX 建築社、C 若原工作室

POINT 03

賦予玄關附加功能

玄關不只是人出入的空間。也可以利用玄關土間進行作業、收納自行車、放置火爐以便通往收納在外面的薪柴架等，花點巧思就能充分使用。

將火爐放在玄關土間

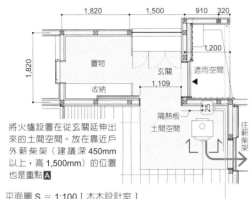

平面圖 S = 1:100 [木木設計室]

將火爐設置在從玄關延伸出來的土間空間。放在靠近戶外薪柴架（建議深 450mm 以上，高 1,500mm）的位置也是重點 **A**

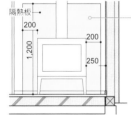

火爐部展開圖 S = 1:50 [木木設計室]

火爐與可燃物及不可燃物之間必須保持的距離依機種而異。不過，只要在距離可燃壁 25mm 處設置隔熱板，就能將可燃壁視為不可燃物 **A**

在玄關土間放自行車

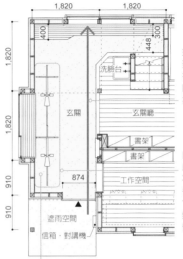

玄關確保 1,820mm 的寬度，土間確保 10m² 左右的面積，就能設計成放置自行車或進行作業的空間。

平面圖 S = 1:100 [NL Design 設計室]

如果打開玄關就能看到光線與景色，因為視線穿透到戶外，玄關土間與玄關廳就成為開放的空間 **C**

自行車可分成電動輔助自行車或城市車等不同的種類，尺寸也各不相同。需要的尺寸也會隨著車架的種類而改變，因此必須留意〔參考 110 頁〕

POINT 04

遮雨空間需要能夠收傘的面積

遮雨空間的面積，由在那裡從事的行為決定，譬如躲雨或是暫時放置宅配的貨物等。但至少必須保留能夠收傘的空間。有些地區也必須考慮鏟雪空間。

玄關門的位置從外牆往室內側退縮約 300mm，就能防止雨水噴入，抑制門的損傷 **D**

即使玄關較小，原則上屋簷遮蓋到的空間也至少要保有能夠收傘的面積。深度至少需要 900mm 以上，如果可以最好保留 1,000mm 左右 **D**

平面圖 S = 1:60 [RIOTADESIGN]

玄關門多數往外開，為了避免在全開的時候被雨淋濕，屋簷突出的尺寸約為玄關門寬 +180mm **E**

【高】積雪地區的玄關前也可兼作鏟雪等簡單戶外作業的空間。面積大約 0.5 ～ 2 坪，天花板高約 2,200mm **H**

考慮到無障礙設計，遮雨空間不設置太大的高低差，可以使用斜坡處理高低差的部分 **B**

為了避免開門多跨出一步就淋濕，玄關前的屋簷至少需要突出 600 ～ 900mm **F**

【寬】如果在遮雨空間設置長椅凳，長椅凳下也可放置宅配箱。這時為了避免被淋濕，遮雨空間需要 1,200mm 的深度 **G**

展開圖 S = 1:60 [RIOTADESIGN]

表 2 雨傘張開的基本尺寸（mm）

傘骨長（L）	A	B	C	D
600	1,080	870	720	760
580	1,045	840	700	730
550	990	810	660	700
530	955	780	640	670
500	900	750	620	650
470	845	700	570	600

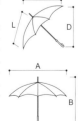

解說 **A** 木木設計室、**B** 山崎壯一建築設計事務所、**C** NL Design 設計室、**D** RIOTADESIGN、**E** DesignLife 設計室、**F** akimichi design、**G** Asunaro 建築工房、**H** MOLX 建築社

POINT 05

不想帶進室內的物品
應該收納在玄關旁

玄關旁除了收納鞋子〔參考 22 頁〕、雨傘〔參考 23 頁〕之外，也可以擺放嬰兒車或露營用品、高爾夫球袋、自行車〔參考 110 頁〕等嗜好用品。此外也可以考慮作為宅配箱的收納空間，或家用宅配櫃的設置空間。

▷ 嬰兒車・購物車

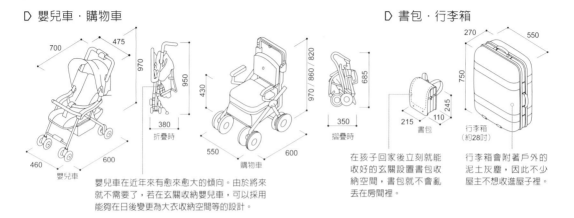

嬰兒車在近年來有愈來愈大的傾向。由於將來就不需要了，若在玄關收納嬰兒車，可以採用能夠在日後變更為大衣收納空間等的設計。

▷ 書包・行李箱

在孩子回家後立刻就能收好的玄關設置書包收納空間，書包就不會亂丟在房間裡。

行李箱會附著戶外的泥土灰塵，因此不少屋主不想收進屋子裡。

▷ 宅配箱・宅配櫃

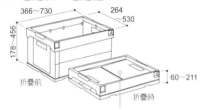

宅配箱有兩種，分別是折疊箱與保麗龍箱。折疊箱所需的空間參考折疊時的尺寸，保麗龍箱則參考折疊箱折疊前的尺寸評估。

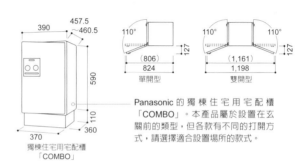

Panasonic 的獨棟住宅用宅配櫃「COMBO」。本產品屬於設置在玄關前的類型，但各款有不同的打開方式，請選擇適合設置場所的款式。

獨棟住宅用宅配櫃「COMBO」

▷ 露營用品

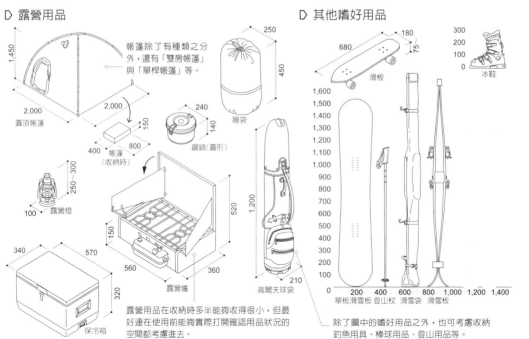

帳篷除了有種類之分外，還有「雙房帳篷」與「單桿帳篷」等。

露營用品在收納時多半能夠收得很小，但最好連在使用前能夠實際打開確認用品狀況的空間都考慮進去。

▷ 其他嗜好用品

除了圖中的嗜好用品之外，也可考慮收納釣魚用具、棒球用品、登山用品等。

024

POINT 06

將玄關土間做成挑高 5,000mm 的空間

若玄關天花板設定得較高（天花板高 5,300mm 前後），與玄關相連的房間天花板高度大幅降低，就能創造空間的區隔，增添玄關的開放感。倘若玄關與土間相連，則能帶來連接到戶外的感受，成為舒適的中間領域。

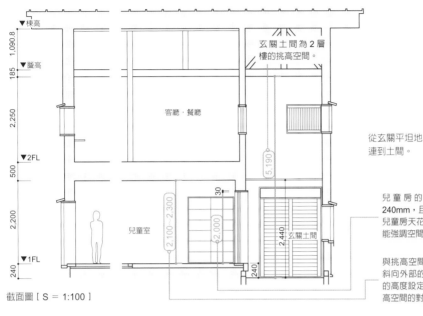

玄關土間為 2 層樓的挑高空間。

從玄關平坦地連到土間。

截面圖 [S = 1:100]

兒童房的地板高度高於玄關土間 240mm，且隔間物的高度刻意設定得比兒童房天花板低 2,000mm，這麼一來就能強調空間區隔。

與挑高空間相鄰的兒童房天花板，呈現斜向外部的平緩坡度。若天花板最低處的高度設定為 2,150mm，就能藉由與挑高空間的對比帶來穩重感。

POINT 07

天花板高 2,100mm 的玄關能產生開放感

若盡可能壓低玄關與入口的天花板高，那麼只要將玄關前方設定為寬敞明亮的空間即可。窄小的玄關與入口，反而能帶來對於前進之處產生期待感的效果。若天花板較低的玄關與樓梯井相鄰，可在樓梯室設置大開口，或是使用擴張金屬網材質的踏板等，讓樓梯室變得明亮。

玄關前方的樓梯室非常明亮，因此即使玄關有點暗也沒關係。

鞋櫃的高度大致距離地板約 1,100mm 左右，方便擺放裝飾品或小東西。鞋櫃下方保留約 200mm 左右的空間，即使狹窄的玄關也能讓人覺得寬敞。

為讓人在進入玄關時，覺得是個明亮寬敞的空間，入口的天花板可以比玄關低約 100mm。

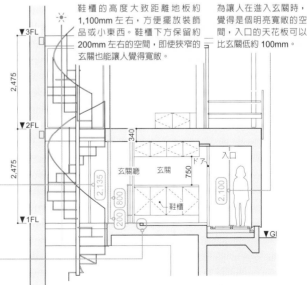

天花板高度壓在 2,100mm 左右的玄關與樓梯井形成的反差，帶來空間的對比。

為了讓玄關與玄關廳產生一體感，地板鋪設石面以統一調性，高低差也控制在 100mm 左右。

截面圖 [S = 1:100]

上 「循環之家」 設計：日影良孝建築工作室、照片：日影良孝
下 「110」 設計：藝術與工藝建築研究所、照片：杉浦傳宗

玄關與遮雨空間的
天花板高度一致
使內外相連

如果遮雨空間與玄關土間的天花板高度一致，屋內屋外就會產生一體感。不過，倘若連走廊與玄關土間的天花板高度也一致，土間與遮雨空間的天花板就會變高，形成沒有強弱之分的空間。為了避免發生這樣的狀況，必須將從土間進入到屋內之處的天花板面設定得較高，讓玄關土間的天花板高度不至於超出必要。

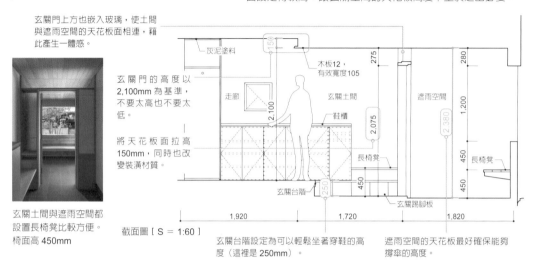

玄關門上方也嵌入玻璃，使土間與遮雨空間的天花板面相連，藉此產生一體感。

灰泥塗料

木板12，有效寬度105

走廊
玄關土間
遮雨空間
鞋櫃

玄關門的高度以2,100mm為基準，不要太高也不要太低。

將天花板面拉高150mm，同時也改變裝潢材質。

長椅凳
玄關台階
玄關踢腳板
長椅凳

玄關土間與遮雨空間都設置長椅凳比較方便。椅面高450mm

截面圖〔S = 1:60〕

玄關台階設定為可以輕鬆坐著穿鞋的高度（這裡是250mm）。

遮雨空間的天花板最好確保能夠撐傘的高度。

利用斜坡解決從 GL
（地盤線）到一樓地板
的高低差

在入口設置斜坡，除了乘坐輪椅移動之外，使用行李箱或嬰兒車時也很方便。設置斜坡時，可採取 1/10 左右的坡度，沿著建築物外緣設置。倘若較難確保斜坡面積，使斜坡變得有點陡，坡度最大到 1/7 左右也不影響使用。

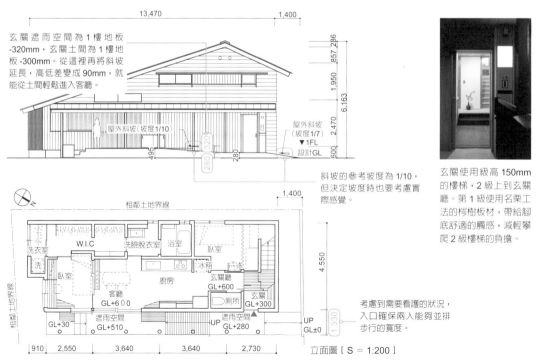

玄關遮雨空間為1樓地板-320mm，玄關土間為1樓地板-300mm。從這裡再將斜坡延長，高低差變成90mm，就能從土間輕鬆進入客廳。

屋外斜坡（坡度1/10）

屋外斜坡（坡度1/7）
▼1FL
設計GL

斜坡的參考坡度為1/10，但決定坡度時也要考慮實際感覺。

玄關使用級高 150mm 的樓梯，2 級上到玄關廳。第 1 級使用名栗工法的梣樹板材，帶給腳底舒適的觸感，減輕攀爬 2 級樓梯的負擔。

相都土地界線

洗衣室
W.I.C
洗臉脫衣室
浴室
臥室
洗
臥室
冰箱
廚房
玄關廳
GL+600
客廳
GL+600
廁所
玄關
GL+300
遮雨空間
GL+30
遮雨空間
GL+510
遮雨空間
GL+280
UP
UP
GL±0

910 2,550 3,640 3,640 2,730

考慮到需要看護的狀況，入口確保兩人能夠並排步行的寬度。

立面圖〔S = 1:200〕

上　「若林之家」　設計：村田淳建築研究室、照片：村田淳建築研究室
下　「豐中・和居庵」　設計：Ms建築設計事務所、照片：畑拓

走廊寬度設定為牆心到牆心 910mm 時的注意事項

走廊的最小寬度為牆心到牆心 910mm

走廊（通過動線）除了移動之外沒有太大的用途，因此最好盡可能縮小面積。但需要通過走廊的不只是人。除了冰箱、鋼琴、單人沙發等大型家具之外，施工中的建材等也會通過，因此還是必須確保一定的寬度。關於這些也必須在設計時評估。

若考量到無障礙空間，需要確保 800mm 的有效寬度，因此牆心到牆心大約需要 1,000mm 左右 **G**

即使走廊寬度為牆心到牆心 910mm，有些種類的輪椅還是可以通過。設計時務必確認居家使用的輪椅尺寸〔參考 28 頁〕 **D**

考量到日後安裝扶手的可能，不先設置扶手結構材。因為如果不到使用的時候，不會知道扶手需要裝在哪裡。真的需要安裝扶手的時候，只要固定在間柱上即可 **A B**

如果屋主強烈要求，可將扶手結構材設置在高 800mm 前後的位置 **D**

臥室

1,000 / 910 / 25 716 25 / 766 / 200 700 1,850 / 992 / 817 / 210 / 42 600 217 / 40 133 / 800 50 25 350 50

盥洗室 / 洗

儲藏室

玄關

往2樓客廳

1,820 / 910 / 1,820

平面圖 S = 1 : 50 [RIOTADESIGN]

不只完工後的家具、家電搬入，走廊在施工時也可能成為搬入廚房流理台等長型物品的阻礙。尤其廚房流理台，請務必事先確認是否能夠搬入 **A B**

扶手在需要時視情況安裝。譬如只安裝在需要扶手的人的臥室到廁所之間等等 **C**

如果走廊有轉彎，冰箱、洗衣機、鋼琴等可能無法通過，因此必須注意。

450 / 1,730 / 1,000

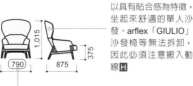

以具有貼合感為特徵，坐起來舒適的單人沙發、arflex「GIULIO」沙發椅等無法拆卸，因此必須注意搬入動線 **H**

1,015 / 790 / 875 / 375

許多家具都能拆卸搬運，但單人沙發等不可拆卸的家具，就必須注意走廊的寬度。除了走廊之外，也需要考慮樓梯（尤其是迴轉樓梯、螺旋樓梯、扶手等）與門的有效開口寬度 **E F**

解說 **A** Asunaro 建築工房、**B** akimichi design、**C** 3110ARCHITECTS 一級建築士事務所、**D** 木木設計室、**E** RIOTADESIGN、**F** arflex、**G** 廣部剛司建築研究所

POINT 01

走廊的寬度取決於鋼琴、料理等通過的東西

設定走廊寬度時不只通過的人，動作與搬運的東西等也要一併考慮進去。搬運大型物品時，除了走廊寬度之外，也必須注意天花板、樑、門的上框等的高度設定。需要充分的高度才能避免在抬高物品時撞到。

▷ 走廊的寬度取決於動作的內容

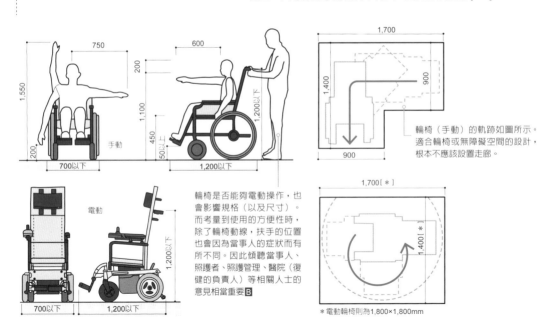

考慮到搬運物品、人與人錯身而過等動作，走廊至少需要確保 860mm 左右的有效寬度，但如果是 910mm 的隔柱牆就很難達到這個寬度 [※1] **A**

為了搬運鋼琴，牆心到牆心的寬度需要 1,060（910+150）mm，並且確保 882.5mm 的有效寬度。搬運大型物品時，往往能夠通過走廊卻上不了樓梯，或是進不去房間入口的門，因此必須注意 **C**

若地板鋪設方向與通道的長邊平行，就能減少建材的浪費與施工的工夫。

平面圖 S = 1:100 [Ando Atelier]

有些屋主在端菜時，會對於寬度狹窄的通道或隔間物感到不舒服。設定走廊或通道寬度時，必須先整理生活動線並掌握動作習慣 **C**

▷ 走廊的寬度取決於大型物品的移動

平面圖 S = 1:100
[DesignLife 設計室]

POINT 02

輪椅的尺寸各不相同

根據 JIS 規格，手動輪椅根據形狀與大小分成大、中、小型 3 種，電動輪椅則根據類功能分成椅面與椅背可連動倒下的「空中傾倒型」，以及只有椅背可倒下的「仰躺型」。電動輪椅無論哪一種類型，尺寸都比手動輪椅來得大，因此必須注意 [※2]。

手動

電動

輪椅是否能夠電動操作，也會影響規格（以及尺寸）。而考量到使用的方便性時，除了輪椅動線，扶手的位置也會因為當事人的症狀而有所不同。因此傾聽當事人、照護管理者、醫院（復健的負責人）等相關人士的意見相當重要 **B**

輪椅（手動）的軌跡如圖所示。適合輪椅或無障礙空間的設計，根本不應該設置走廊。

＊電動輪椅則為 1,800×1,800mm

解說 **A** Ando Atelier、**B** 若原工作室、**C** DesignLife 設計室
※1 柱子的粗細（105mm 方形或 120mm 方形）、面材種類、橫條板（尺寸依地方而異）會影響走廊的寬度，因此最小寬度為牆心到牆心 910mm 的原則並非一律成立，敬請留意。 | ※2 有些全仰躺式輪椅的全長會達到 1,700mm

POINT 03

天花板高度取決於隔間物與房間等

決定隔間物的尺寸時，需要考慮房間是相連還是分開、物品與人如何通過，以及材料的尺寸（成本）等。此外，開關類基本上安裝在隔間物周圍。尤其客廳與餐廳會安裝對講機、地板暖氣遙控面板、熱水器遙控面板等多種面板，決定優先順序時也必須考慮外觀，並安裝在方便使用的位置。

D 走廊的天花板高度與隔間物的關係

若走廊的天花板高度設定得較低，約 2,100mm，那麼走進客廳、餐廳、廚房時就會有開闊感。此外，若天花板從廚房、餐廳、客廳逐漸變高，即使只有一房，也能在空間中區分領域 **A** **B**

如果想為相鄰的家屋帶來一體感，隔間物的高度就設定到天花板 **D**

如果希望玄關廳較為開放，可以將走廊的天花板設定得較高，或是設置樓梯井 **B** **D**

想要區分領域時，或是希望隔間物的高度與其他部分一致時，可以建造垂壁以統一隔間物高度 [※] **C**

兒童房不安裝門，只留下高 1,200～1,400mm 的開口部。使用垂壁擋住來自走廊的視線，同時也能感覺到聲音與動靜 **C**

客廳或玄關等邀請來訪者進入的房間，隔間物最好能夠確保稍寬的寬度（800mm 左右）**E**

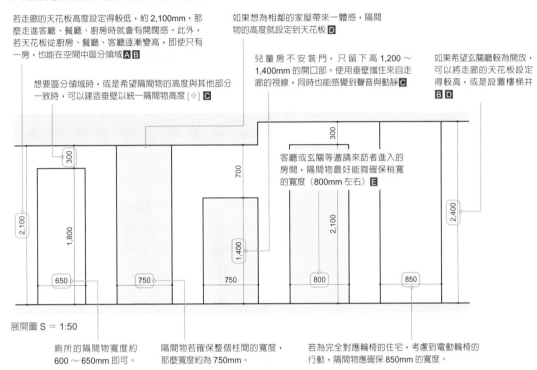

展開圖 S = 1:50

廁所的隔間物寬度約 600～650mm 即可。

隔間物若確保整個柱間的寬度，那麼寬度約為 750mm。

若為完全對應輪椅的住宅，考慮到電動輪椅的行動，隔間物應確保 850mm 的寬度。

D 安裝在隔間物周邊的物品

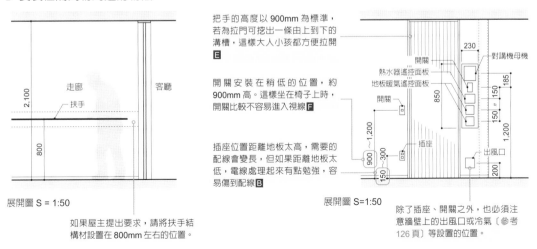

把手的高度以 900mm 為標準，若為拉門可挖出一條由上到下的溝槽，這樣大人小孩都方便拉開 **E**

開關安裝在稍低的位置，約 900mm 高。這樣坐在椅子上時，開關比較不容易進入視線 **F**

插座位置距離地板太高，需要的配線會變長，但如果距離地板太低，電線處理起來有點勉強，容易傷到配線 **B**

展開圖 S = 1:50

如果屋主提出要求，請將扶手結構材設置在 800mm 左右的位置。

開關
熱水器遙控面板
地板暖氣遙控面板
開關
對講機母機
插座
出風口

展開圖 S=1:50

除了插座、開關之外，也必須注意牆壁上的出風口或冷氣〔參考 126 頁〕等設置的位置。

解說　**A** 3110ARCHITECTS 一級建築士事務所、**B** DesignLife 設計室、**C** 前田工務店、**D** 山崎壯一建築設計事務所、**E** RIOTADESIGN、**F** 木木設計室
※ 垂壁可能因結構工法問題而難以施工，必須注意。

走廊的吸塵器
收納空間必須
一併考慮充電問題

保管在走廊的物品包括吸塵器、夏季家電、冬季家電等。若將打掃用的家電或工具一起收納在走廊就會很方便。收納場所務必設置吸塵器的充電座。使用掃地機器人的住宅，總之請先確保能夠收納人氣機種「Roomba」的空間。冬季家電種類很多，因此也需要較大的空間收納。

▷ 吸塵器

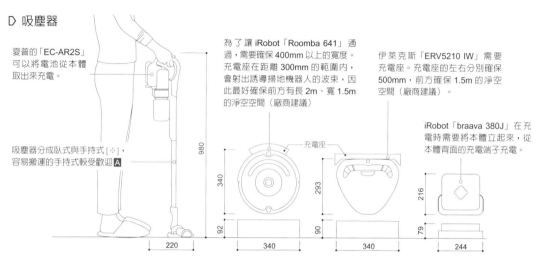

夏普的「EC-AR2S」可以將電池從本體取出來充電。

吸塵器分成臥式與手持式[※]，容易搬運的手持式較受歡迎 A

為了讓 iRobot「Roomba 641」通過，需要確保 400mm 以上的寬度。充電座在距離 300mm 的範圍內，會射出誘導掃地機器人的波束，因此最好確保前方有長 2m、寬 1.5m 的淨空間（廠商建議）

伊萊克斯「ERV5210 IW」需要充電座。充電座的左右分別確保 500mm，前方確保 1.5m 的淨空間（廠商建議）。

iRobot「braava 380J」在充電時需要將本體立起來，從本體背面的充電端子充電。

充電座

980 / 340 / 92 / 293 / 90 / 216 / 79
220 / 340 / 340 / 244

▷ 夏季家電

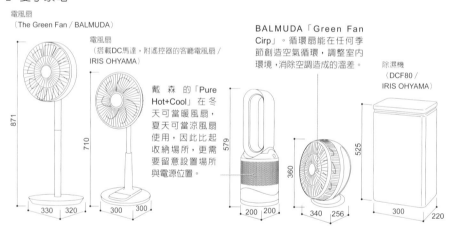

電風扇
（The Green Fan / BALMUDA）

電風扇
（搭載DC馬達，附遙控器的客廳電風扇 / IRIS OHYAMA）

戴森的「Pure Hot+Cool」在冬天可當暖風扇，夏天可當涼風扇使用，因此比起收納場所，更需要留意設置場所與電源位置。

BALMUDA「Green Fan Cirp」。循環扇能在任何季節創造空氣循環，調整室內環境，消除空調造成的溫差。

除濕機
（DCF80 / IRIS OHYAMA）

871 / 710 / 579 / 360 / 525
330 / 320 / 300 / 300 / 200 / 200 / 340 / 256 / 300 / 220

▷ 冬季家電

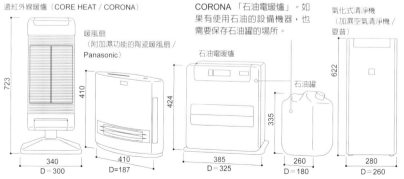

遠紅外線暖爐（CORE HEAT / CORONA）

暖風扇
（附加濕功能的陶瓷暖風扇 / Panasonic）

CORONA「石油電暖爐」。如果有使用石油的設備機器，也需要保存石油罐的場所。

石油電暖爐

氣化式清淨機
（加濕空氣清淨機 / 夏普）

石油罐

723 / 410 / 424 / 335 / 622
340 D=300 / 410 D=187 / 385 D=325 / 260 D=180 / 280 D=260

表 1　加濕器的加濕方法差異

氣化式
將風吹向潮濕的濾網進行加濕。
○噴出口不會變熱，耗電量較低。
△加濕力較弱，濾網需要更換保養。

超音波式
透過震動將水變成霧狀擴散，進行加濕。
○耗電量較低，而且有不少高設計性的商品。
△容易結露。需要保養。

加熱（蒸氣）式
將水煮沸，利用蒸氣進行加濕。
○加濕速度快，而且因為加熱到沸點以上，所以比較衛生。
△必須將水煮沸，耗電量較高。噴出口會冒出蒸氣，所以會變熱。

除了上述之外，還有氣化式與加熱式、超音波式與加熱式組合的混和式。

解說　A BIC CAMERA 電器賣場
※ 臥式（地板移動型）指的是吸地板時，必須拖著主機移動的吸塵器。手持式則是可以單手拿著使用的小型吸塵器。大部分都是充電式（無線式）。

樓梯的基本

樓高 2,600mm，級高設定為 200mm 以下。設定容易計算的尺寸，不僅能夠降低成本，也能預防施工失誤 **C**

〔低〕兒童使用的扶手，建議安裝在距離踏板 650mm 左右的高度。如果兒童用扶手與成人用扶手（距離踏板 750～800mm 左右的高度）分開安裝，也就是安裝雙層扶手，那麼下層扶手與上層扶手之間必須確保充分空間，以避免夾到手 **D**

扶手安裝在距離段鼻高 850mm 的位置。人會以最短的距離上下樓梯，因此如果樓梯間左右都有牆壁，只在內側安裝扶手也很有效率 **A**

〔標準〕樓梯的第 1、2 級在上面樓層的樑的正下方，因此這裡天花板會比較低。為了避免撞到頭，可在天花板加裝部分斜面，確保天花板高度 1,900mm 以上 **E**

避免太陡的樓梯。此外，如果豎板沒有稍微往內傾斜，有些人會覺得害怕，因此務必與屋主事先溝通 **B**

從使用的方便性與安全性的觀點來看，級高約 190mm，豎板若往內傾斜，上端突出不超過 30mm **A B**

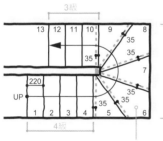

180～360
120～210
20～35
樓梯寬：600～750(1人)
≧1200(2人)
坡度20°～55°
1,800～2,100
800～900

級深(T)
級高(R)

〔高〕如果是一般的樓梯，級高 220mm、級深 210mm 是安全使用的極限。樓梯的坡度根據「級高／級深≦22／21」設定。**E**

樓梯平台深度(D)
扶手
樓梯寬度(L)

住宅的樓梯平台至少要有 750mm 深，但最好能夠寬敞一點。

32～35
距離段鼻800～900

扶手的規格雖然沒有規定，但輕握的時候，拇指與食指可以稍微碰到是最容易握的尺寸。

D 13 級的迴轉樓梯如何配置

3級
13 12 11 10 9 8
35
35
7
35
35 35
220
UP
1 2 3 4 5 6
4級
5級

如果是迴轉樓梯，靠近樓梯口的部分 4 級，迴轉的部分 5 級，轉彎之後 3 級。以這樣的方式配置就很完美 **E**

D 基準法最大限度的陡峭樓梯是過去保留的規定

▼2FL
▼1FL
2,730
1,800(1間)

日本建築基準法允許級高 230mm 以下、級深 150mm 以上的樓梯。但這是過去為了在樓上設置儲藏室，所以允許在類似壁櫥般長 1,800mm 的平面空間，往上爬 2,700mm 的高度所保留下來的規定。

這裡節錄出一部分關於住宅樓梯的規定。如果級高採用法規的最高高度，級深採用法規的最低寬度，坡度就會達到 55°，導致樓梯變得非常陡峭。但如果將級高設定為 180mm，級深設定為 240mm，就會是 35° 的基本坡度。

樓梯的法規規定

表 2　住宅（包含共同住宅）的樓梯規定列表

	樓梯的種類	樓梯寬度 樓梯平台寬度 L（mm）	級高 R（mm）	級深 T（mm）	樓梯平台 的設置	直線樓梯的樓梯平台寬度 D（mm）
1	住宅（共同住宅的公用樓梯除外）	≧ 750 [＊1]	≦ 230	≧ 150 [＊2]	高≦4m	≧ 1,200
2	直上層的房間地板面積合計＞ 200 m² 的地面層用樓梯	≧ 1,200	≦ 200	≧ 240		
3	房間地板面積合計合計＞ 100 m² 的樓梯或地下工作物內的樓梯					

＊1 若樓梯寬度超過 3m，中間需設置扶手。但級高 150mm 以下，且級深 300mm 以上就不需要。
＊2 迴轉樓梯的級深是在距離最窄處 300mm 的位置測量的尺寸。

根據基準法測定的住宅樓梯相關法規考量的是安全性，只根據法規不一定能建造出方便使用的樓梯。除了掌握樓梯相關法規的基本尺寸之外，也必須配合各戶的習慣，思考方便使用的樓梯尺寸。

解說　**A** Asunaro 建築工房、**B** Ando Atelier、**C** akimichi design、**D** 布田健、**E** i+i 設計事務所

降低樓梯級高，容易攀爬更安全

樓梯最重要的是安全性，以及盡量設計得美觀。請仔細考量法規、建築面積、使用的方便性等，確實記住與樓高對應的適當級高，並依據給予的條件設計。至於兒童與高齡者使用的樓梯，也必須注意扶手的高度與形狀。

安全省空間的迴轉樓梯
與優美的直線樓梯

樓梯的形狀也必須考慮空間的配置與設計。多數住宅都採用迴轉樓梯與直線樓梯，這裡將介紹盡可能節省空間又方便使用，而且看起來也美觀的尺寸。

省空間的迴轉樓梯

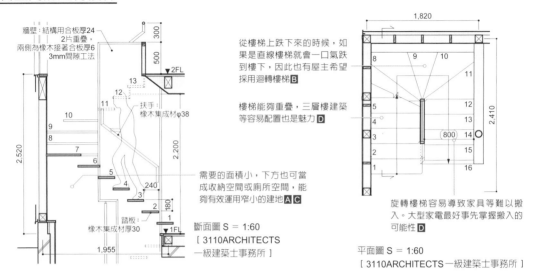

從樓梯上跌下來的時候，如果是直線樓梯就會一口氣跌到樓下，因此也有屋主希望採用迴轉樓梯**B**

樓梯能夠重疊，三層樓建築等容易配置也是魅力**D**

牆壁：結構用合板厚24 2片重疊，兩側為橡木接著合板厚6 3mm間隙工法

扶手：橡木集成材φ38

需要的面積小，下方也可當成收納空間或廁所空間，能夠有效運用窄小的建地**A C**

踏板：橡木集成材厚30

斷面圖 S = 1:60
[3110ARCHITECTS 一級建築士事務所]

旋轉樓梯容易導致家具等難以搬入。大型家電最好事先掌握搬入的可能性**D**

平面圖 S = 1:60
[3110ARCHITECTS 一級建築士事務所]

設計感高的直線樓梯

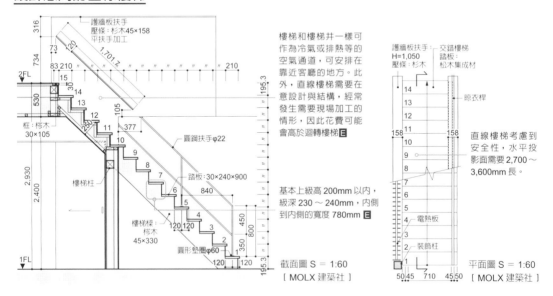

護牆板扶手 壓條：杉木45×158 平扶手加工

框：橡木 30×105

圓鋼扶手φ22

踏板：30×240×900

樓梯柱

樓梯樑：橡木 45×330

圓形墊圈φ60

樓梯和樓梯井一樣可作為冷氣或排熱等的空氣通道，可安排在靠近客廳的地方。此外，直線樓梯需要在意設計與結構，經常發生需要現場加工的情形，因此花費可能會高於迴轉樓梯**E**

基本上級高200mm以內，級深230～240mm，內側到內側的寬度780mm**E**

截面圖 S = 1:60
[MOLX 建築社]

護牆板扶手：交錯樓梯 H=1,050 踏板：松木集成材 壓條：杉木

晾衣桿

直線樓梯考慮到安全性，水平投影面需要2,700～3,600mm長。

電熱板

裝飾柱

平面圖 S = 1:60
[MOLX 建築社]

級高與級數與樓高的關係

表　級數速查表

樓高（mm）	級高（mm）	級數	樓高（mm）	級高（mm）	級數	樓高（mm）	級高（mm）	級數
2,800	200	14	2,600	200	13	2,400	200	12
	190	14.7		190	13.6		190	12.6
	180	15.5		180	14.4		180	13.3
2,700	200	13.5	2,500	200	12.5			
	190	14.2		190	13.1			
	180	15		180	13.8			

級高愈高，級數愈少。根據日本建築基準法，設定級高時必須確保房間的平均天花板高度達到2,100mm以上。

解說　**A** Asunaro 建築工房、**B** 木木設計室、**C** 若原工作室、**D** 3110ARCHITECTS 一級建築士事務所、**E** MOLX 建築社

POINT 02

利用樓梯下方收納
或擺放洗衣機

樓梯下方的閒置空間一般都會作為收納使用。如果配合收納的物品量與物品大小製作層架，用起來就會更順手。此外，部分空間也可用來作為盥洗室或放置洗衣機。

當成收納空間使用

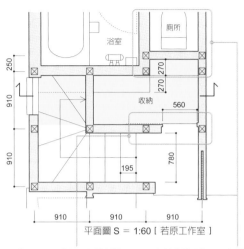

平面圖 S = 1:60 [若原工作室]

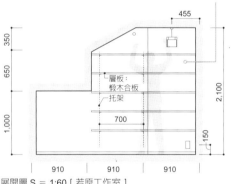

展開圖 S = 1:60 [若原工作室]

樓梯下方的天花板呈現傾斜狀，設置拉門時除了門的高度之外，也必須注意避免在拉開時撞到天花板 **A**

根據收納的物品設定層板的深度。廁所的深度（1,550mm）小於 1 坪整體衛浴的深度（1,820mm）〔參考 68 頁〕，因此其後方也可作為樓梯下方的收納使用 **A**

當成房間的一部分使用

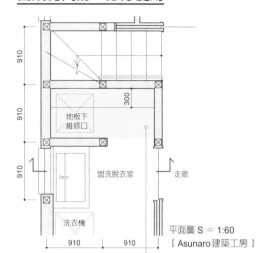

平面圖 S = 1:60
[Asunaro 建築工房]

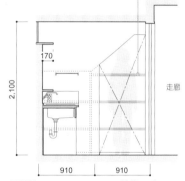

展開圖 S = 1:60 [Asunaro 建築工房]

如果在牆心到牆心 1,820×1,820mm 的盥洗脫衣室配置洗衣機與洗臉台，就很難再配置收納空間。這時就可以將旁邊的樓梯下方作為收納使用。

樓高如何決定

如果想要降低簷高、將屋頂的份量設計得較輕巧，或高度設計得比鄰家稍低，讓外觀比例看起來更好，抑或是位在必須根據斜線限制決定高度的住宅密集地，樓高就會設定得較低。不過，最小樓高還是會根據設備機器等幾個要素決定。

若樓高設定為 2,600mm，那麼天花板高度就會是 2,200mm，天花板下方空間則是 400mm。必須假定樑下或 2 樓地板下方是 2 樓排水管線、1 樓廚房與整體衛浴等的通風扇安裝空間 **B**

截面示意圖 S = 1:200

住宅密集地必須注意北側斜線。2 樓房間的天花板高除了較難確保結構用合板的耐震壁，也可能無法安裝整體衛浴。

密集地或狹窄地的住宅，經常將客廳設置在 2 樓，至於 1 樓則通常作為兒童房使用。兒童房面積有限，使用上下舖的時候，高度設定就會很重要。〔參考 92 頁〕**C**

解說 **A** 若原工作室、**B** DesignLife 設計室、**C** 前田工務店

上下移動輔助設備的尺寸

電動爬梯機雖然所需空間較小，花費也較低，但會導致樓梯的有效寬度減少，最好能夠考慮所有使用樓梯的人。至於家用電梯，根據日本建築基準法規定，包含小型電梯的設置限定於住戶內，但現在規定放寬 [※] 了。至於升降方法，可分為出力大，適合短距離移動的油壓式，以及驅動噪音較小，升降速度較油壓式快的鋼索式。

▷ 電動爬梯機

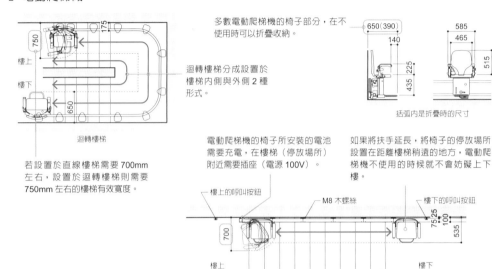

多數電動爬梯機的椅子部分，在不使用時可以折疊收納。

迴轉樓梯分成設置於樓梯內側與外側 2 種形式。

括弧內是折疊時的尺寸

迴轉樓梯

若設置於直線樓梯需要 700mm 左右，設置於迴轉樓梯則需要 750mm 左右的樓梯有效寬度。

電動爬梯機的椅子所安裝的電池需要充電，在樓梯（停放場所）附近需要插座（電源 100V）。

如果將扶手延長，將椅子的停放場所設置在距離樓梯稍遠的地方，電動爬梯機不使用的時候就不會妨礙上下樓。

樓上的呼叫按鈕　　　M8 木螺絲　　　樓下的呼叫按鈕

樓上　　　　樓下

直線樓梯

▷ 家用電梯

梯廂內最大尺寸850

基準線（搭乘處牆壁內面）

設置於木造住宅的情況

建造鐵塔設置的情況

雙方向出入電梯的升降道，必須比單方向電梯的升降道更深（以這台家用電梯為例，需要 1,575mm）

梯廂地板雖然有各種形狀，但根據規定不能超過 1.3m²。雖然輪椅全長為 1,200mm 以下〔參考 28 頁〕，但需要照護者時，需要 1,500mm 左右。

若為木造，升降道周圍的牆壁必須是耐力壁（壁倍率 2 倍以上等），或者在出入口附近設置同等的耐力壁，或採用剛床工法等。如果在重新整修時設置獨立鐵塔式家用電梯，就能與建築物的本體結構分開設置。不過各產品的設置空間、機坑縱深與結構都有所不同，必須注意。

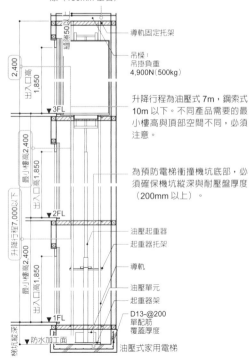

確保頂部空間，設置能夠支撐吊掛負重 4,900N（500kg）的吊樑。此外，吊樑與天花板部分需要縫隙（150mm 左右）。

導軌固定托架

吊樑：吊掛負重 4,900N（500kg）

升降行程為油壓式 7m，鋼索式 10m 以下。不同產品需要的最小樓高與頂部空間不同，必須注意。

為預防電梯衝撞機坑底部，必須確保機坑縱深與耐壓盤厚度（200mm 以上）。

油壓起重器
起重器托架
導軌
油壓單元
起重器架
D13-@200 單配筋 覆蓋厚度
油壓式家用電梯

※ 負重條件的放寬及梯廂與升降道的結構等排除於複數規定之外，但必須符合平 12 建告 1413 號的構造（升降行程的長度與梯廂地板面積等規定）。

POINT 04

緩坡的直線樓梯級高建議 190 ～ 200mm

考量到樓梯容易攀爬的程度，即使住宅空間不大，樓梯的坡度也最好盡量不要太陡。如果希望緩和直線樓梯的坡度，級高建議設定在 190 ～ 200mm 左右。圖中的樓高 2,783mm，級深 225mm，共有 14 級。倘若樓高約 2,550mm，這是可將樓梯容納於 2,700mm 空間內的尺寸（若包含樓梯平台則為 4,500mm）。

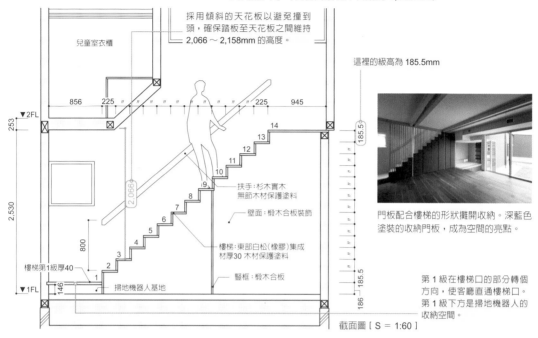

採用傾斜的天花板以避免撞到頭，確保踏板至天花板之間維持 2,066 ～ 2,158mm 的高度。

兒童室衣櫃

856 225 〃 〃 〃 〃 〃 〃 225 945

▼2FL 253

2,066

2,530

800

樓梯第1級厚40

扶手：杉木實木 無節木材保護塗料

壁面：椴木合板裝飾

樓梯：東部白松（橡膠）集成材厚30 木材保護塗料

竪框：椴木合板

掃地機器人基地

▼1FL 146

這裡的級高為 185.5mm

185.5

185.5

186

截面圖 [S = 1:60]

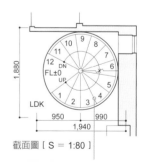

門板配合樓梯的形狀攤開收納。深藍色塗裝的收納門板，成為空間的亮點。

第 1 級在樓梯口的部分轉個方向，使客廳直通樓梯口。第 1 級下方是掃地機器人的收納空間。

POINT 05

螺旋樓梯以225mm 模組思考

螺旋樓梯基本上建議以級高 225mm 的模組思考。因此應配合級數設定樓高。舉例來說，若樓梯 11 級，則樓高 2,475mm，樓梯 12 級，則樓高 2,700mm。若心柱的直徑為 100mm，能夠勉強符合日本建築基準法規定的踏面深度（150mm 以上）的角度為 27°，因此基本上最多也只能做到 13 級，樓高 2,925mm。

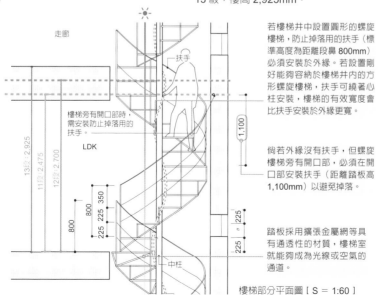

走廊

扶手

樓梯旁有開口部時，需安裝防止掉落用的扶手。

LDK

13段=2,925 11段=2,475 12段=2,700

800

800 225 350

225 225

(1,100)

225 〃 225

中柱

若樓梯井中設置圓形的螺旋樓梯，防止掉落用的扶手（標準高度為距離段鼻 800mm）必須安裝於外緣。若設置剛好能夠容納於樓梯井內的方形螺旋樓梯，扶手可繞著心柱安裝，樓梯的有效寬度會比扶手安裝於外緣更寬。

倘若外緣沒有扶手，但螺旋樓梯旁有開口部，必須在開口部安裝扶手（距離踏板高 1,100mm）以避免掉落。

踏板採用擴張金屬網等具有通透性的材質，樓梯室就能夠成為光線或空氣的通道。

樓梯部分平面圖 [S = 1:60]

1,880

DN FL±0 UP

LDK

950 990

1,940

截面圖 [S = 1:80]

爬一層樓繞一圈（360°）以內的螺旋樓梯較容易規畫。若樓梯 11 級，則踏板的角度為 33°、12 級為 30°、13 級為 27°。

上 「DROP ON LEAF」 設計：JYU ARCHITECT 充綜合計畫、照片：檜川泰治
下 「SGB」 設計：藝術與工藝建築研究所

POINT 06

友善寵物犬的樓梯坡度為 35° 以下

爬樓梯對寵物犬的身體負擔較大，通常應盡量避免。不過，還是能夠設置減輕寵物犬攀爬負擔的樓梯或斜坡。具體來說，級高需降低到 145mm 左右，級深需加大到 298mm。此外，如果在樓梯旁一併設置斜坡，就會更加安全安心。

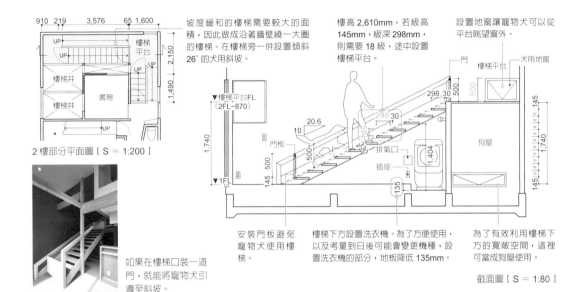

坡度緩和的樓梯需要較大的面積，因此做成沿著牆壁繞一大圈的樓梯。在樓梯旁一併設置傾斜 26° 的犬用斜坡。

樓高 2,610mm，若級高 145mm，級深 298mm，則需要 18 級，途中設置樓梯平台。

設置地窗讓寵物犬可以從平台眺望窗外。

2 樓部分平面圖 [S = 1:200]

如果在樓梯口裝一道門，就能將寵物犬引導至斜坡。

安裝門板避免寵物犬使用樓梯。

樓梯下方設置洗衣機。為了方便使用，以及考量到日後可能會變更機種，設置洗衣機的部分，地板降低 135mm。

為了有效利用樓梯下方的寬敞空間，這裡可當成狗屋使用。

截面圖 [S = 1:80]

POINT 07

樓梯下方的樓地板面線降低 200mm，作為盥洗脫衣室

樓梯下方的空間，通常單獨作為廁所或倉庫使用。但如果稍微花點心思，就能與其他空間一起運用。舉例來說，只要將樓梯下方的樓地板面線降低 1 級的高度（200mm 左右），就能作為盥洗脫衣室使用。樓梯下方天花板較低處，最適合用來放置洗衣機。如果使用滾筒式洗衣機，上方也能有充分的收納空間。

天花板最低的部分，可配置高 1,076mm 的滾筒式洗衣機。即使包含水龍頭，也只需要高約 1,300mm 的空間即可容納，因此上方可設置高 365mm 左右的收納空間。

盥洗脫衣室的樓地板面線降低 1 級的高度（200mm），就能確保高 2,000mm 的天花板。

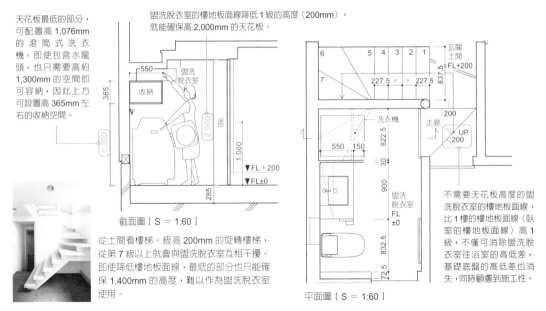

截面圖 [S = 1:60]

從土間看樓梯。級高 200mm 的旋轉樓梯，從第 7 級以上就會與盥洗脫衣室互相干擾。即使降低樓地板面線，最低的部分也只能確保 1,400mm 的高度，難以作為盥洗脫衣室使用。

不需要天花板高度的盥洗脫衣室的樓地板面線，比 1 樓的樓地板面線（臥室的樓地板面線）高 1 級，不僅可消除盥洗脫衣室往浴室的高低差，基礎底盤的高低差也消失，同時顧慮到施工性。

平面圖 [S = 1:60]

上　「為兩隻大型犬建造的斜坡屋」　設計：JYU ARCHITECT 充綜合計畫、照片：檜川泰治
下　「SAI」　設計：JYU ARCHITECT 充綜合計畫、照片：檜川泰治

POINT 08

以寬敞的樓梯間將空間利用最大化

有挑高的客廳雖然具備開放感，但如果挑高達到 2 層樓，反而可能因為天花板太高導致空間不夠沉穩。這時可在客廳設置樓梯，將樓梯平台作為第二個客廳使用，就能在一個空間裡創造多個據點。樓梯平台設定在距離樓地板面線 1,400 ～ 1,800mm 的高度，就能有效活用下方的空間。

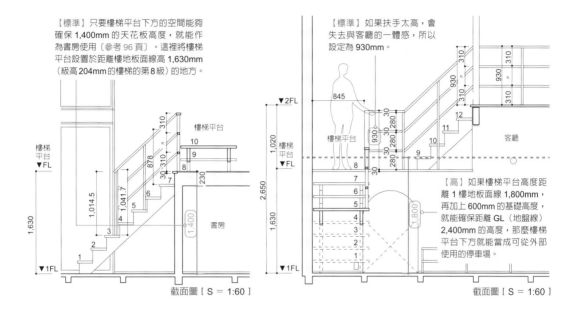

【標準】只要樓梯平台下方的空間能夠確保 1,400mm 的天花板高度，就能作為書房使用〔參考 96 頁〕。這裡將樓梯平台設置於距離樓地板面線高 1,630mm（級高204mm的樓梯的第8級）的地方。

【標準】如果扶手太高，會失去與客廳的一體感，所以設定為930mm。

【高】如果樓梯平台高度距離 1 樓地板面線1,800mm，再加上 600mm 的基礎高度，就能確保距離 GL（地盤線）2,400mm 的高度，那麼樓梯平台下方就能當成從外部使用的停車場。

截面圖［S = 1:60］　　截面圖［S = 1:60］

POINT 09

改變樓梯配置，調整樓梯下方的高度

若為級高 200mm，占地 1,800mm×1,800mm 的迴轉樓梯，迴轉處樓梯下方的高度約為 1,400mm，這種高度的空間若當成廁所或盥洗脫衣室使用，就稍微低了一點。如果想要設定稍微寬裕一點的高度，可以改變樓梯的配置，譬如增加從樓梯口到迴轉處的級數。

為了避免樓梯迴轉的部分從樓梯旁設置的廁所或脫衣室露出，從樓梯口到迴轉部分的級數從一般的 4 級改為 6 級。

1 樓部分平面圖
［S = 1:120］

樓梯下的空間作為臥室的收納使用，讓空間獲得最大限度的有效利用。

由於 1 樓臥室的樑露出，樓高比鋪設天花板的情況（樓高 2,600mm 左右）低。因此設置級高 210mm 的樓梯 12 級，使 1 樓的樓高為 2,520mm。

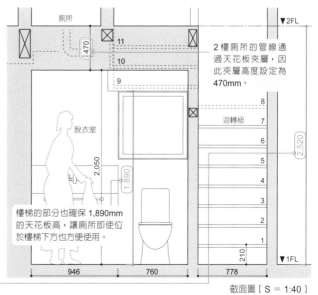

2 樓廁所的管線通過天花板夾層，因此夾層高度設定為470mm。

樓梯的部分也確保 1,890mm 的天花板高，讓廁所即使位於樓梯下方也方便使用。

截面圖［S = 1:40］

上　「鎌倉・大町之家」　設計：NL Design 設計室
下　「所澤 M 邸」　設計：i+i 設計事務所

通道寬度是對面式廚房的重點

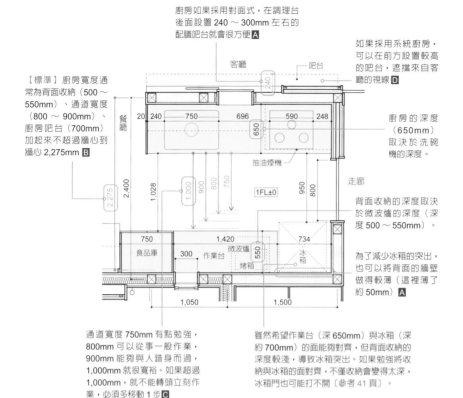

廚房如果採用對面式，在調理台後面設置 240～300mm 左右的配膳吧台就會很方便 **A**

如果採用系統廚房，可以在前方設置較高的吧台，遮擋來自客廳的視線 **D**

客廳　　吧台

240

【標準】廚房寬度通常為背面收納（500～550mm）、通道寬度（800～900mm）、廚房吧台（700mm）加起來不超過牆心到牆心 2,275mm **B**

餐廳

20　240　750　696　590　248

650

廚房的深度（650mm）取決於洗碗機的深度。

抽油煙機

2,275　2,400　1,028　1,000　900　750

1FL±0

950　800

走廊

背面收納的深度取決於微波爐的深度（深度 500～550mm）。

750　食品庫　300　1,420　作業台　微波爐　烤箱　550　734　冰箱

為了減少冰箱的突出，也可以將背面的牆壁做得較薄（這裡薄了約 50mm）**A**

1,050　1,500

通道寬度 750mm 有點勉強，800mm 可以從事一般作業，900mm 能夠與人錯身而過，1,000mm 就很寬裕。如果超過 1,000mm，就不能轉頭立刻作業，必須多移動 1 步 **C**

雖然希望作業台（深 650mm）與冰箱（深約 700mm）的面能夠對齊，但背面收納的深度較淺，導致冰箱突出。如果勉強將收納與冰箱的面對齊，不僅收納會變得太深，冰箱門也可能打不開〔參考 41 頁〕。

平面圖 S = 1:50〔Ando Atelier〕

一字型（壁面型）廚房可節省空間與面積

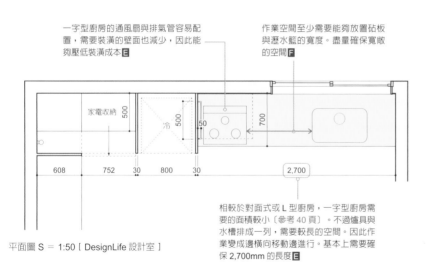

一字型廚房的通風扇與排氣管容易配置，需要裝潢的壁面也減少，因此能夠壓低裝潢成本 **E**

作業空間至少需要能夠放置砧板與瀝水藍的寬度。盡量確保寬敞的空間 **F**

家電收納　500

500　50　700

608　752　30　800　30　2,700

相較於對面式或 L 型廚房，一字型廚房需要的面積較小〔參考 40 頁〕。不過爐具與水槽排成一列，需要較長的空間。因此作業變成邊橫向移動邊進行。基本上需要確保 2,700mm 的長度 **E**

平面圖 S = 1:50〔DesignLife 設計室〕

廚房作業台的最小寬度取決於使用的設備

廚房太小或太大都不好使用。如果沒有多餘的空間，廚房、客廳、臥室全部都在一個房間裡，那麼各空間需要的面積與格局，就會受到必要的設備尺寸、容易通過的通道寬度與天花板高影響。除此之外，也必須注意冰箱搬入的路徑。

解說　**A** Ando Atelier、**B** 3110ARCHITECTS 一級建築士事務所、**C** 若原工作室、**D** 山崎壯一建築設計事務所、**E** DesignLife 設計室、**F** akimichi design

---- POINT 01

天花板高度需考慮
抽油煙機與收納

根據消防法，從爐具到抽油煙機須確保 800mm 以上的高度。此外排氣管除了管徑之外，還需要覆蓋 50mm 以上的特定不燃材料，如果抽油煙機無法直接將氣體排到屋外，在設定天花板高度時，就必須確保排氣管通過的路徑（天花板夾層）。

收納需考量容易使用的程度與客廳、餐廳的天花板高度

高處的收納不容易使用。因此獨立型廚房的天花板高度可以設定得較低，約 2,200 ～ 2,250mm **A**

若天花板設定得較高，天花板附近的收納不容易使用，因此設定為 2,160mm。不過，這麼一來抽油煙機的位置就會變低，個子高的人在使用廚房時必須注意（必須事先對屋主說明）**B**

抽油煙機擋板與相鄰收納的深度（通常為 375mm）一致，看起來就會很清爽。而且製作擋板也能讓抽油煙機看起來像家具 **A**

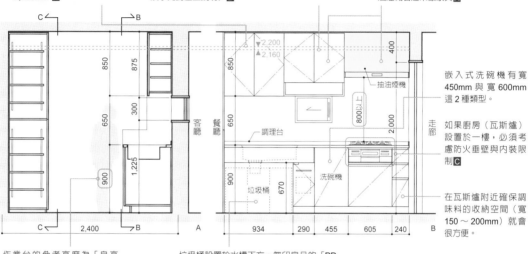

嵌入式洗碗機有寬 450mm 與寬 600mm 這 2 種類型。

如果廚房（瓦斯爐）設置於一樓，必須考慮防火垂壁與內裝限制 **C**

在瓦斯爐附近確保調味料的收納空間（寬 150 ～ 200mm）就會很方便。

作業台的參考高度為「身高÷2+50mm」。決定高度時，也必須考慮拖鞋的有無，以及屋主原本使用的廚房高度等。

垃圾桶設置於水槽下方。無印良品的「PP上蓋可選式垃圾桶（大）」即使容量多達 30L，寬度也只有大約 190mm，並排擺放就很方便進行垃圾分類。

如果想將客廳、餐廳、廚房做成連續空間，可以將天花板高度設為一致 **A** **D**

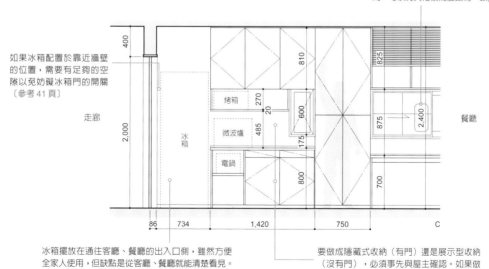

如果冰箱配置於靠近牆壁的位置，需要有足夠的空隙以免妨礙冰箱門的開關〔參考 41 頁〕

冰箱擺放在通往客廳、餐廳的出入口側，雖然方便全家人使用，但缺點是從客廳、餐廳就能清楚看見。如果廚房採用具有迴游性的方案，就能擁有便利的冰箱動線，不只客廳、餐廳，從走廊也能使用。

要做成隱藏式收納（有門）還是展示型收納（沒有門），必須事先與屋主確認。如果做成平開門，必須確保即使門打開，人也能站立的通道寬度。

平面圖 S = 1:50 [Ando Atelier]

解說　**A** Ando Atelier、**B** 木木設計室、**C** 廣部剛司建築研究所、**D** DesignLife 設計室

根據使用者的身體尺寸思考

為了避免增加調理時多餘的動作與腳步，請先掌握使用者伸手可及的範圍與作業空間。此外，近年來開放式廚房成為主流，家庭成員開始參與調理活動，設計時請考慮既能共同作業，又能彼此保持適當距離的空間。

作業空間

凸窗既能確保採光，窗台又能放置小東西，相當方便。不過，如果向外凸出太多，不僅難以開關窗戶，物品也不容易拿取，就會變得不便。

作業台的深度多半為650mm，但如果設成750mm，除了砧板之外還能放置食材與缽盆等，能夠提升作業效率 A

如果乘坐輪椅使用，作業台高度約為670～700mm。作業台底部須確保高600mm左右的空間，以便容納輪椅（高度依輪椅而異）〔參考28頁〕。

多人的作業空間

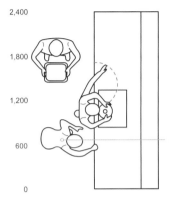

通道須確保收納及冰箱的平開門或拉門開關，以及洗碗機拉出等所需的最小寬度。也必須考慮其他人從作業中的人背後通過的情況。

如果不希望從餐廳看見作業台（尤其是水槽），可以設置高1,200mm左右的收納或護牆板等。

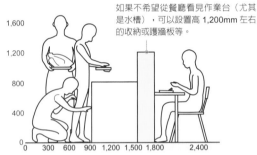

配置計畫影響面積

一字型廚房較容易專心作業，如果沒有吧台收納，就能節省配置空間〔參考38頁〕。對面式廚房的水槽配置於客廳、餐廳側，爐具配置於背面，就能減少廚房的寬度。至於中島式廚房，則能創造與客廳、餐廳擁有一體感的空間。L型廚房的爐具與水槽呈90度配置，可以縮短在爐具、水槽與冰箱之間的移動距離。

一字型廚房

如果廚房背面有吧台收納，從客廳、餐廳側就不容易看到廚房。

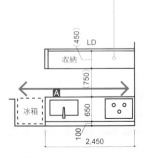

對面式廚房

調理時，在水槽附近的作業時間較長。如果希望與家人交流，請將水槽設置於客廳、餐廳側。此外，考慮到油花飛濺與抽油煙機的位置等，爐具也以設置於牆壁側較佳。

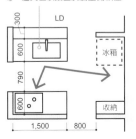

中島型廚房

如果將爐具設置於中島的部分，通風扇的管線就會突出於天花板面，因此天花板高與通風扇的設置必須花點心思。

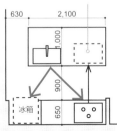

L型廚房

角落部分容易成為閒置空間，需要花點心思，設置旋轉收納架等。

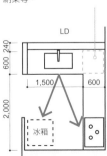

解說　A 若原工作室

PART

2

不
同
空
間
的
基
本
尺
寸
　／　
廚
房

POINT 04

冰箱尺寸影響格局

最近的冰箱有大型化的傾向。因此冰箱的尺寸（外寸）不只影響作為搬入路徑的走廊寬度，如果擺放在二樓，也會影響樓梯寬度等住宅整體的模組。即使想要利用起重機搬到樓上，也可能因為周邊道路狹窄等因素而無法使用起重機，因此必須注意。

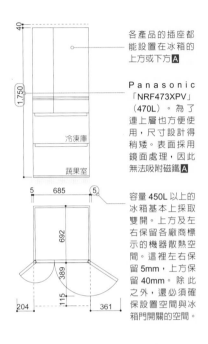

各產品的插座都能設置在冰箱的上方或下方 A

Panasonic「NRF473XPV」（470L）。為了連上層也方便使用，尺寸設計得稍矮。表面採用鏡面處理，因此無法吸附磁鐵 A

容量 450L 以上的冰箱基本上採取雙開。上方及左右保留各廠商標示的機器散熱空間。這裡左右保留 5mm，上方保留 40mm。除此之外，還必須確保設置空間與冰箱門開關的空間。

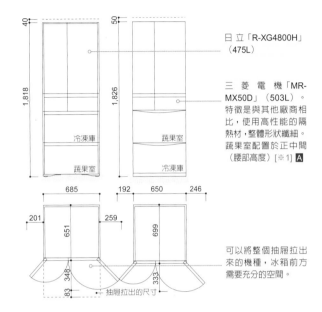

日立「R-XG4800H」（475L）

三菱電機「MR-MX50D」（503L）。特徵是與其他廠商相比，使用高性能的隔熱材，整體形狀纖細。蔬果室配置於正中間（腰部高度）[※1] A

可以將整個抽屜拉出來的機種，冰箱前方需要充分的空間。

抽屜拉出的尺寸

POINT 05

掌握微波爐與電鍋的尺寸

微波爐分成 3 種類型，分別是①只有微波，②微波＋烤箱，③微波＋烤箱（附蒸氣）。性能愈好的產品，散熱需要的空間愈小。電鍋的價格則隨著「內鍋的性能」（材質）與「白米對流的功能」而改變。任何一種電鍋運作時都會噴出蒸氣，因此調理時上部必須開放。

微波爐

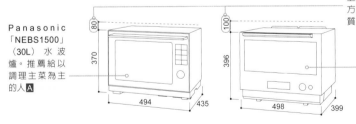

Panasonic「NEBS1500」（30L）水波爐。推薦給以調理主菜為主的人 A

上方必須確保 80～100mm 的空隙，但左右、後方則不需要空隙 [※2]。不過，若周圍有不耐熱的材質（玻璃等）與家電產品，則必須隔開。

東芝「ER-SD3000」（30L）過熱水蒸氣水波爐。水波爐內部上方呈現拱頂狀，可進行 300℃的高溫調理，推薦給喜歡製作甜點與麵包的人。

電鍋

象印「NW-KA10」壓力 IH 電子鍋（10 人份）

三菱電機「NJ-AW108」IH 電子鍋（10 人份）。炊煮的米飯蓬鬆立起，香味四溢，推薦給喜歡米飯口感偏硬的人。

三菱電機「NJ-VW108」IH 電子鍋（10 人份）為方形，比起左款圓形偏大的電子鍋更容易收納。但請先確認打開蓋子時的尺寸。

解說　A BIC CAMERA 電器賣場

※1 消費者選購產品時，有偏好較大的冷凍庫或蔬果室的傾向，重視哪一種也會改變冰箱的選擇。｜ ※ 一般微波爐需要的周圍空隙為本體上方約 200mm、後方約 100mm、左右約 50mm。但需要的空隙因產品而異，因此必須注意。

多人使用的廚房重點

如果希望廚房擁有寬裕的空間，就必須保留寬敞的作業區。能夠擁有2個水槽更好，一個來洗菜，另一個用來冰鎮葡萄酒。廚房吧台可以設定成男女兼用的多用途高度（約900mm）。

適合全家使用與招待多位客人的廚房

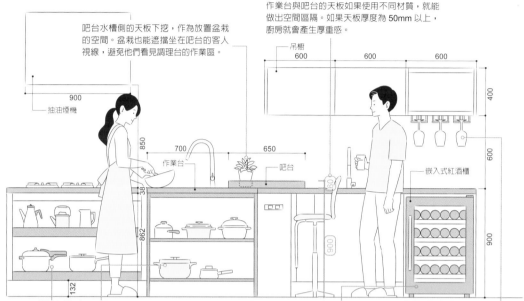

吧台水槽側的天板下挖，作為放置盆栽的空間。盆栽也能遮擋坐在吧台的客人視線，避免他們看見調理台的作業區。

作業台與吧台的天板如果使用不同材質，就能做出空間區隔。如果天板厚度為50mm以上，廚房就會產生厚重感。

若能確保約280mm左右的淨高度，幾乎所有鍋具都能收納。採用開放式層架的展示收納，就不需要區隔細部空間，只需大致隔開即可。

酒櫃通常需要在設置場所的左右各保留100mm的空間。只有EURO CAVE的產品，只要左右各保留10mm空間即可設置[※1]。

高腳杯的基本高度為200～250mm。若是吊掛在高腳杯架上的狀態，需要加20～30mm的高度。

嵌入家電設備的重點

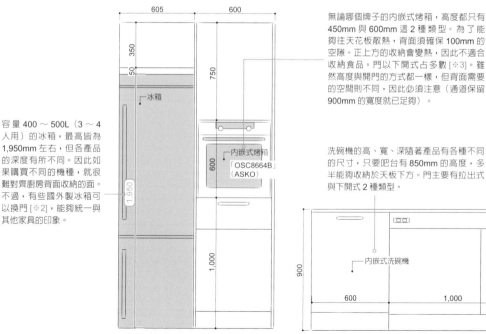

容量400～500L（3～4人用）的冰箱，最高皆為1,950mm左右，但各產品的深度有所不同。因此如果購買不同的機種，就很難對齊廚房背面收納的面。不過，有些國外製冰箱可以換門[※2]，能夠統一與其他家具的印象。

無論哪個牌子的內嵌式烤箱，高度都只有450mm與600mm這2種類型。為了能夠往天花板散熱，背面須確保100mm的空隙。正上方的收納會變熱，因此不適合收納食品。門以下開式占多數[※3]。雖然高度與開門的方式都一樣，但背面需要的空間則不同，因此必須注意（通道保留900mm的寬度就已足夠）。

洗碗機的高、寬、深隨著產品有各種不同的尺寸，只要吧台有850mm的高度，多半能夠收納於天板下方。門主要有拉出式與下開式2種類型。

解說　CUCINA
※1 可內嵌於吧台下方的機種「V059MPTHF」（EURO CAVE），能夠收納38瓶750ml的葡萄酒。 | ※2 譬如 LIEBHERR、GAGGENAU 的產品。 |
※3 GAGGENAU 的產品有右開的「BS450410」與左開的「BS451410」。

POINT 07

吧台高度為
作業台＋320mm

廚房吧台的高度，必須能夠遮擋來自餐廳的視線，確保從餐廳看不到調理時的作業區，但又不能高到有壓迫感（1,150mm 左右）。餐廳側的吧台兼具收納櫃的功能，因此也能擴大餐廳空間。

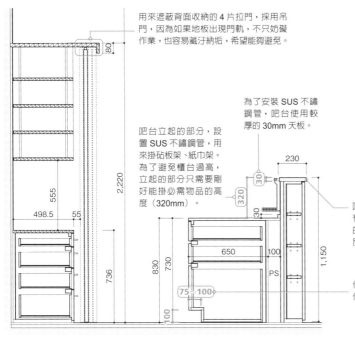

用來遮蔽背面收納的 4 片拉門，採用吊門，因為如果地板出現門軌，不只妨礙作業，也容易藏汙納垢，希望能夠避免。

為了安裝 SUS 不鏽鋼管，吧台使用較厚的 30mm 天板。

吧台立起的部分，設置 SUS 不鏽鋼管，用來掛砧板架、紙巾架。為了避免櫃台過高，立起的部分只需要剛好能掛必需物品的高度（320mm）。

廚房背面的吊櫥上方，設置開口部取代牆壁，作為隱藏空調的空間。即使手搆不到的高處，也希望毫不浪費地運用。

吧台立起部分高 320mm，並延伸到爐具。有這樣的高度，也能大幅減少噴濺到餐廳的油。但如果在爐具正面安裝玻璃隔板，反而會讓噴濺的油變得明顯，因此不推薦。

作業時盡可能讓身體接近吧台，因此作業台的底部內凹約 100×100mm。

截面圖 [S = 1:30]

POINT 08

將廚房挖低 370mm，
讓重心下沉

本案例的屋主想要與廚房吧台一體的免跪坐和式桌，設計師為了回應其要求，將廚房挖低約 370mm（級高 187.5mm 的樓梯 2 級）。這麼一來即使在廚房站著作業，也能平視坐在地板上的家人。

有跪坐與不跪坐兩種使用方式，因此免跪坐和式桌的天板位置稍高。坐墊使用較高的泡棉，藉此調整坐下時的高度。

免跪坐和式桌可能會造成腰腿的負荷。即使屋主要求，也必須充分說明風險再決定是否採用此方案。

廚房的作業台需要站著使用，因此比免跪坐和式桌的上緣高 99mm。

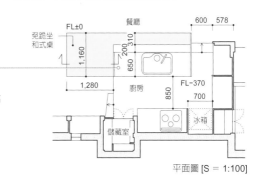

平面圖 [S = 1:100]

桌支柱：杉木 φ75

截面圖 [S = 1:30]

免跪坐和式桌對腰腿的負荷較大，不建議屋主設置於日常生活中每天使用的廚房，但因為改變了在廚房的視線高度，因此能夠呈現非日常的空間。建議使用於別墅等空間的廚房。

廚房天花板高
2,100mm 就已經足夠

廚房有許多利用垂直空間的收納，譬如設置吊櫥。不過，手搆不到的高處，也很難作為收納空間使用。所以這個案例特意將廚房的天花板做得較矮，只有 2,100mm。

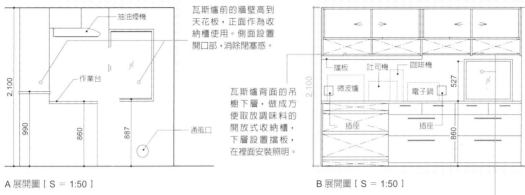

瓦斯爐前的牆壁高到天花板，正面作為收納櫃使用。側面設置開口部，消除閉塞感。

瓦斯爐背面的吊櫥下層，做成方便取放調味料的開放式收納櫃，下層設置擋板，在裡面安裝照明。

A 展開圖 [S = 1:50]

B 展開圖 [S = 1:50]

從廚房透過餐廳的開口部，可以看見陽台上的盆栽（照片右），晚上也可以透過高側窗（照片上）看見月亮。廚房的天花板高度雖然較矮，但相鄰的餐廳則採用 2,100～3,569mm 的傾斜天花板，營造空間的寬敞感，做出空間區隔。

水槽內側設置以 30mm 的間隔排列不鏽鋼管的瀝水架，潮濕的調理器具等就放在這裡瀝乾。瀝水架下方設置窗戶，兼具採光與通風。

考量格局的平衡感，
打造天花板高的廚房

如果將廚房、餐廳、客廳視為一個房間思考格局，那麼最好也觀察與餐廳、客廳之間的平衡，考慮將廚房的天花板做得較高。天花板的坡度不需要配合屋頂，而是在空間的途中做出變化。天花板朝著陽台的開口部緩慢地往下傾斜，打造氣氛沉穩的客廳與餐廳。

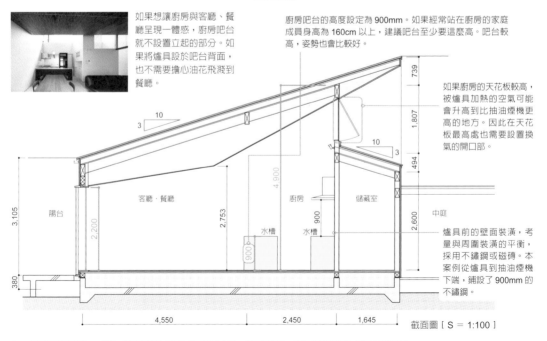

如果想讓廚房與客廳、餐廳呈現一體感，廚房吧台就不設置立起的部分。如果將爐具設於吧台背面，也不需要擔心油花飛濺到餐廳。

廚房吧台的高度設定為 900mm。如果經常站在廚房的家庭成員身高為 160cm 以上，建議吧台至少要這麼高。吧台較高，姿勢也會比較好。

如果廚房的天花板較高，被爐具加熱的空氣可能會升高到比抽油煙機更高的地方。因此在天花板最高處也需要設置換氣的開口部。

爐具前的壁面裝潢，考量與周圍裝潢的平衡，採用不鏽鋼或磁磚。本案例從爐具到抽油煙機下端，鋪設了 900mm 的不鏽鋼。

陽台　客廳‧餐廳　廚房　儲藏室　中庭　水槽

截面圖 [S = 1:100]

上　「天空有月亮的家」　設計：島田設計室、照片：牛尾幹太｜下　「彥根之家」　井上久實設計室、照片：富田榮次

儲藏室是兼具倉庫功能的食品庫

儲藏室的需求，隨著大量購買的普及，以及方便好用而逐漸提高。需要的收納量，則因為生活型態等差異而各不相同。

至於收納的物品，一般而言以酒、水、米、罐頭等能夠長久存放的食品為主。不過，也不要忘記考慮暫時保管用的垃圾桶，以及家電產品的收納空間。

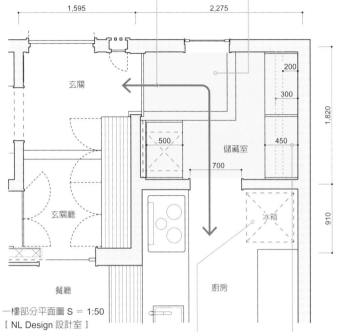

儲藏室與玄關相連很方便。從玄關土間就能直接進入儲藏室，將成箱購買的食品搬運到存放的地場所 A

依照玄關→儲藏室→廚房的順序配置，較容易搬運沉重的物品。廚房也可以設計成土間空間（與餐廳之間設有高低差）A

一樓部分平面圖 S = 1:50
[NL Design 設計室]

如果屋主希望隱藏冰箱，將儲藏室設計成能夠收納冰箱的尺寸與能夠隱藏冰箱的配置 C

儲藏室不只能夠收納家電之類的大型物品，也能存放大量的罐頭與酒。因此如果有深度不超過 200 ～ 300mm 的層架，存放的物品就一目了然，也方便取出 B

廚房在二樓時

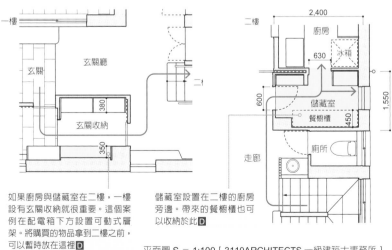

如果廚房與儲藏室在二樓，一樓設有玄關收納就很重要。這個案例在配電箱下方設置可動式層架。將購買的物品拿到二樓之前，可以暫時放在這裡 D

儲藏室設置在二樓的廚房旁邊。帶來的餐櫥櫃也可以收納於此 D

平面圖 S = 1:100 [3110ARCHITECTS 一級建築士事務所]

解說　A NL&DESIGN 設計室、B Asunaro 建築工房、C DesignLife 設計室、D 3110ARCHITECTS 一級建築士事務所

掌握收納物品的層架與容易取放的位置關係

廚房家電推出了各式各樣的商品,在此為各位介紹近年來愈來愈多家戶擁有的家電。決定收納場所時,請考慮尺寸與使用的方便性。除了家電之外,儲藏室也能收納各種大小的食品。除此之外,也請掌握餐櫥櫃的尺寸。

流行家電

雀巢咖啡「Dolce Gusto Genio Premium」(膠囊式)。無論是粉式還是膠囊式,現在連便利商店都能輕鬆買到義式咖啡機,對家庭而言也成為常見的設備。就算不喝咖啡,也能享受紅茶或其他茶飲。

IRIS OHYAMA 優格機「IRISOHYAMA KYM-013」。在家裡就能輕易製作優格、甜酒、鹽麴、奶油起司、納豆、醃漬水果等。

BALMUDA 烤箱「BALMUDA The Toaster」。對於即使有烤箱(微波爐),還是想吃美味吐司的人而言是必需品。

Panasonic「沸騰淨水全自動咖啡機」。只要一台就能完成從磨豆到煮好咖啡的所有步驟,因此很受歡迎。

氣泡水機的尺寸也隨產品而異,也有只需要氣瓶,不需要電源的機種。有些人不只拿來飲用,也會用來美容(譬如洗臉)。

不同機種的電烤盤能夠使用的烤盤種類不同,大小也各異。

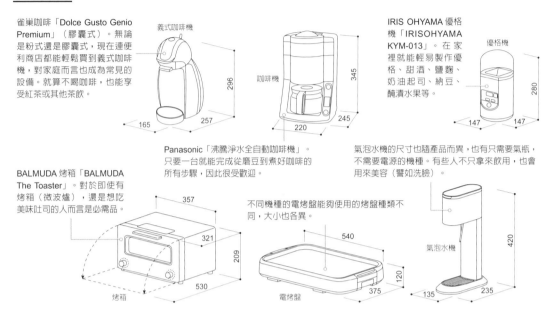

儲藏室收納的物品

層架如果有2種深度會很方便。大型物品、能夠收納在收納箱的物品,放在較深的層架,罐頭、調味料、酒類等放在較淺的層架,這麼一來就一目了然。

建議使用活動式層板。如果收納的高度約2公尺,有4塊層板就容易調整。

有些帶來的餐櫥櫃因為不合家裡的品味,通常收納在儲藏室而非餐廳。如果有帶來的餐櫥櫃,請先確認尺寸與放置的場所。

尺寸取決於與相鄰家具的平衡感

廚房周圍

家事空間配置於

家事區需要將單據分類歸檔的空間。即使在餐桌作業，最好也確保能夠收納單據類的專門空間。如果配置於餐廳後方，從客廳看就比較不顯眼 A B

如果家事空間有專用書桌，就不需要每次用餐時都花工夫整理，比起在餐桌上作業更方便。書桌最好有寬 780mm× 深 430mm 的大小 B

深度與餐櫥櫃一致。餐櫥櫃放在靠近餐廳的位置。不僅能讓家庭成員幫忙配膳，也具有遮擋家事空間的作用。

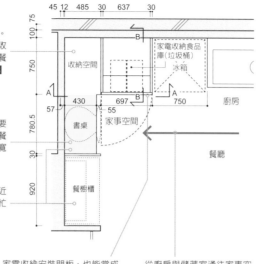

平面圖 S = 1:50
[DesignLife 設計室]

家電收納安裝門板，也能當成廚房與家事空間的緩衝帶。因為有家電收納，旁邊的收納空間（單據類等）從客廳看來就不顯眼。

從廚房與儲藏室通往家事空間的動線是否順暢很重要。而家事空間的所在位置如果從客廳及餐廳看來並不顯眼，就能隨意使用，不需要在意視線 C

高度取決於擺放的物品與進行的作業

家事空間通常已經事先決定好擺放的物品與進行的作業。只要預先想好具體的物品，層架的尺寸與插座的位置等，就很方便居住的人使用 A

層架與背板之間保留約 30mm 的空間讓線材通過。

書桌與家電收納下層的櫃子，設定為無論站或坐都方便使用的高度。

家電收納位於能夠從餐廳看見的地方，因此安裝大型平開門將整個空間遮起來。

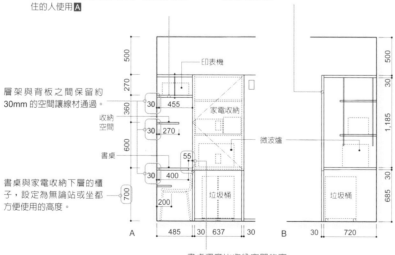

展開圖 S = 1:50 [DesignLife 設計室]

書桌深度比收納空間的寬度小 55mm 左右，以免椅子妨礙家電收納門的開關。

廚房旁邊如果有張桌子或有空間能夠記帳、整理孩子從學校帶回來的通知單等文件就會很方便。除此之外，如果還有能夠放置這些必要物品的收納空間、安裝電腦及印表機等家電的家事空間，家事的效率就會大幅提升。家事空間最好能有 0.75～1.5 坪的面積。

解說 A DesignLife 設計室、B Asunaro 建築工房、C 山崎壯一建築設計事務所

能夠洗衣服的家事空間

家事空間能夠洗衣服會更方便。如果設置於廚房後方,不僅是客廳、餐廳的視線死角,也能作為晾衣空間使用。這個案例也設置能夠縫紉的吧台桌與插座,還能從事簡單的作業。

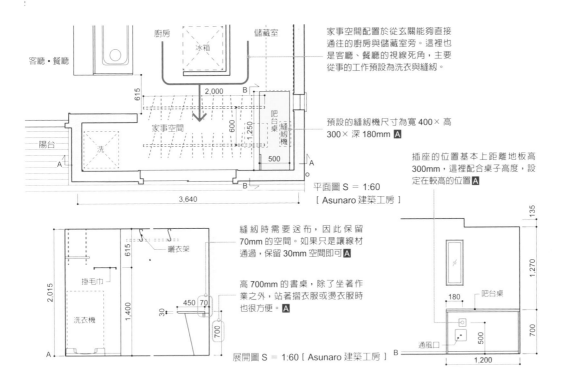

家事空間配置於從玄關能夠直接通往的廚房與儲藏室旁。這裡也是客廳、餐廳的視線死角,主要從事的工作預設為洗衣與縫紉。

預設的縫紉機尺寸為寬 400× 高 300× 深 180mm A

插座的位置基本上距離地板高 300mm,這裡配合桌子高度,設定在較高的位置 A

平面圖 S = 1:60 [Asunaro 建築工房]

縫紉時需要送布,因此保留 70mm 的空間。如果只是讓線材通過,保留 30mm 空間即可 A

高 700mm 的書桌,除了坐著作業之外,站著摺衣服或燙衣服時也很方便。 A

展開圖 S = 1:60 [Asunaro 建築工房]

家事空間周圍的尺寸及擺放的物品

事先掌握電腦與印表機等,擺放於書桌周圍的物品數量與尺寸,就能順利決定書桌旁的層架配置。至於收納文件需要的空間,可以參考檔案盒的尺寸。

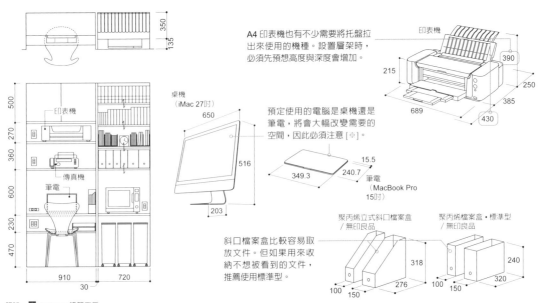

A4 印表機也有不少需要將托盤拉出來使用的機種。設置層架時,必須先預想高度與深度會增加。

預定使用的電腦是桌機還是筆電,將會大幅改變需要的空間,因此必須注意 [❖]。

斜口檔案盒比較容易取放文件。但如果用來收納不想被看到的文件,推薦使用標準型。

桌機（iMac 27吋）

筆電（MacBook Pro 15吋）

印表機

聚丙烯立式斜口檔案盒／無印良品

聚丙烯檔案盒·標準型／無印良品

解說 A Asunaro 建築工房
※ 20 吋 iMac 的尺寸為寬 485× 高 46.9× 深 189 mm、24 吋的尺寸為寬 569× 高 520× 深 207 mm、MacBook Pro13 吋的尺寸為寬 304.1× 高 14.9× 深 212.4 mm

方形的餐桌

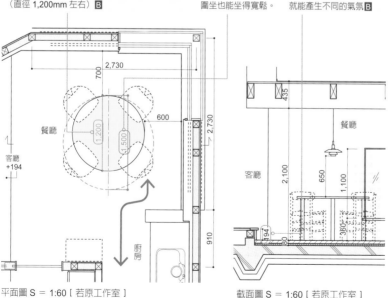

確保桌面空間，以及從餐廳能夠順暢移動的通道寬度。

桌面空間

廚房

陽台

餐桌

平面圖 S = 1:50［Ando Atelier］

為了能夠順利坐下，椅子後方至少需確保 600mm 的 空 間 **C** **D**

餐桌有 3 種形式，分別是①使用以前購買的桌子，②使用新買的桌子，③設計裝潢家具。最普遍的尺寸是 900×1,800mm，請參考這個尺寸做寬鬆的規畫 **A**

一家 4 口用的餐桌，寬 1,600mm 就已經足夠，但如果餐桌兼具學習、工作空間的功能，建議設置寬 1,800 ～ 2,200mm 的餐桌，空間較寬裕 **E**

圓形餐桌

【標準】考量餐廳與各室之間的平衡，狹小住宅多半規畫 2.25 坪左右的空間，並配置 4 人用圓桌（直徑 1,200mm 左右） **B**

【大】若餐桌直徑有 1,500mm，6 人圍坐也能坐得寬鬆。

只要改變客廳與餐廳的天花板高度或地板高度，就能產生不同的氣氛 **B**

餐廳

客廳 +194

廚房

平面圖 S = 1:60［若原工作室］

餐廳

客廳

截面圖 S = 1:60［若原工作室］

解說 **A** Ando Atelier、**B** 若原工作室、**C** RIOTADESIGN、**D** akimichi design、**E** DesignLife 設計室

餐廳以餐桌為中心 考慮空間

餐廳的使用方式相當多元，也有不少人將餐廳當成書寫與電腦作業的空間使用。餐桌需要的大小，以及放在餐桌上的物品，將隨著使用方式而改變。請充分理解預定的用途，再決定餐桌的尺寸與餐廳的面積。

餐桌配合用途
選擇尺寸

4 人用餐桌的尺寸，以寬 1,500× 深 850× 高 720mm 為主流。最近在餐桌讀書或工作的情況增加，大家有偏好大尺寸的傾向。外國製的椅子多半椅面較高，大約高 440～450mm，但椅面高度必須設定為桌面高度減去 280～300mm，因此必須考慮到這點。

餐桌

ACTUS「KULAUM」等，設計成坐下時視線不會碰在一起的飯糰形狀餐桌也很受歡迎。不過，配合照明位置配置餐桌時，必須注意避免在角落產生多餘的空間B

餐桌
（KULAUM / ACTUS）

如果桌腳在 4 個角落，搭配有扶手的椅子時，就會與桌腳互相干擾，有時用起來也不方便。因此愈來愈多產品在天板安裝鐵板，以配置於中央的 1 隻腳支撐天板。

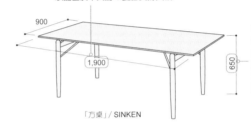

若桌面高 650mm，搭配的椅子椅面高約 380mm，坐下時腳底就能完全放在地板上，具有安心感。

「方桌」/ SINKEN

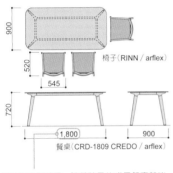

椅子（RINN / arflex）

餐桌（CRD-1809 CREDO / arflex）

如果有多名孩子，隨著孩子的成長餐廳就能騰出充裕的空間。如果選擇寬 1,800mm 的 6人桌，就能坐在孩子旁邊教他們功課。

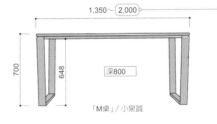

「M桌」/ 小泉誠

如果桌面寬度 1,800mm以上，也很方便使用於用餐之外的用途，譬如使用電腦，或是孩子攤開教材學習。

能夠多人圍在一起使用的圓桌也很受歡迎。arflex「COLUMN」只有一隻腳，即使多人坐在一起，桌腳也不會造成妨礙。此外，如果直徑有 1,500mm左右，就足以讓 7～8 個人圍坐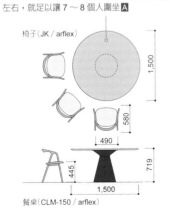A

椅子（JK / arflex）

餐桌（CLM-150 / arflex）

根據設置空間的平面形狀，有時候圓形餐桌比方型餐桌更容易整理動線。如果尺寸有 φ1,100 ㎜以上，4 人用就很足夠。

「croce桌」/ 村澤一晃

「圓桌」/ SINKEN

解說　A arflex、B ACTUS
❖ 指的是無機強化合成石。具有高度的紫外線抵抗性與強度，也使用於外裝。

餐桌用的椅子

高 720mm 左右的餐桌是最近的主流。

950

720

280

440

椅面高

設計高度時也必須考慮椅墊會下沉。

使用實木板，或是耐髒、耐刮磨，能夠把鍋子直接放上去的帝通石 [※] 天板很受歡迎。

確認扶手椅的扶手部分是否可收進桌子的天板下。arflex「JK」採用溫暖的木框，以及可更換椅套，容易保養的椅面，因此很受歡迎

580

710

445

490

椅子（JK / arflex）

沒有扶手的椅子較容易坐下。也方便左右移動身體，因此能夠癱坐在椅子上放鬆。也適合經常需要為了做家事而站站坐坐的人。

450

776

420

520

椅子（Plywood Dining Chair）

如果椅子放在兼具客廳與餐廳的空間，考慮到坐著的時候可能會後靠放鬆，推薦使用有扶手的椅子。

椅子的高度倘若距離桌面天板不到 100mm，就能將空間的重心壓得較低，獲得寬敞的感受。

610

435

770

630

座寬535

550

「pepe椅」／村澤一晃

655

430

座寬560

530

「hiroshima扶手椅」／深澤直人

595

420

650

730

座寬565

530

「UU椅」／小泉誠

625

420

650

730

座寬510

505

「hata」／吉永圭史

475

合板的背面與椅面呈現緩和的弧度，貼合身體，也適合長時間使用。

椅墊的布套可以更換。可配合裝潢與季節更換布套。

430

720

座寬503

「T-3035 AS-ST」／柳宗利

480

450

790

座寬390

「hiroshima椅」／深澤直人

和室推薦使用這款椅子。適合搭配高 350mm 左右的桌子。

350

535

120

「ZAGAKU01」／村澤一晃

長凳與凳子

350

1,100

420

長凳在有小孩的家庭，也能當成小桌子使用。選擇可以收納在桌子底下的長凳，不用的時候也不會占空間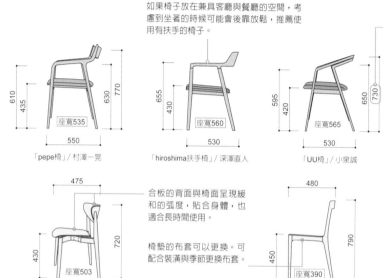

長凳
（COMFY BENCH / ACTUS）

380

440

凳子
（STOOL 60）

400

450

350

可堆疊凳子（劍持勇）

450

530

660

使用於廚房吧台的高腳凳，推薦椅面高 660mm 的款式。這款產品的椅面有多種高度可以選擇，390mm 的款式很適合在玄關穿脫鞋子時使用。

「shoewakerchair」／ werner 12

460

460

440

椅面小巧，比例優美，也很推薦作為廚房休息用。

「TRI」／宮崎悠輔

人走動的空間
確保 600mm 的寬度

即使餐桌周圍已經保留了最低限度的空間，讓全家都能坐下，也可能難以順暢移動，或是無法招待客人。因此必須將空間規畫得較寬鬆，預留讓人從背後通過、以及能夠追加椅子的空間等。

餐桌周圍需要的尺寸

如果有寬 1,800× 深 900mm 的餐桌，即使坐4 個人，也有充分的空間能夠讀書或作業。除非只在客廳招待客人，否則最好放一些客人用的椅子。A

坐在餐桌椅子的人背後如果有 1,100mm 以上的空間，使用起來就很充裕。坐在椅子上的人，能夠將椅子往後拉並站起來的空間約 600mm 左右 B

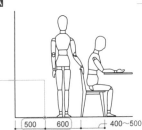
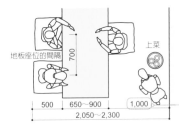

雖然空間較小，但只要有 400mm，也足以側身通過坐在椅子的人後面。如果想要規畫較寬鬆的空間，請確保 600mm 以上的寬度。

地板座位與免跪坐和式桌需要的尺寸

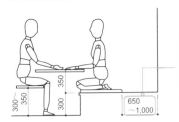

坐著的人背後，最好確保 600mm 以上的通道寬度。理想的寬度是通過時不需要在意坐著的人 C

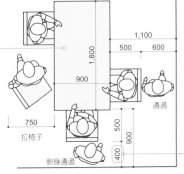

如果需要從坐在矮桌的人背後上菜，至少也需要距離桌邊 1,000mm 以上的空間。

吊燈的關鍵
是高度

吊燈懸掛的位置不要太高，要能照到餐桌的中心。從引掛器垂下較長的電線並掛在掛鉤上，就能配合餐桌的中心位置進行變更。調光開關安裝在從餐廳與廚房都容易操作的位置較方便。

吊燈的光源不要裸露

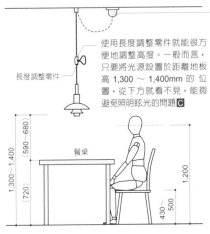

長度調整零件

使用長度調整零件就能很方便地調整高度。一般而言，只要將光源設置於距離地板高 1,300 ～ 1,400mm 的位置，從下方就看不見，能夠避免照明眩光的問題 C

餐桌

照明的選擇對於營造餐桌的氣氛非常重要。請配合情境選擇適當的光源，舉例來說，如果想要呈現沉穩的空間，就選擇白熾燈泡色 LED 燈等。

如果不想讓人看到杯狀的部分，可以使用孔蓋板將配線隱藏在天花板內 C

天花板

孔蓋板

調光開關一起安裝在附近

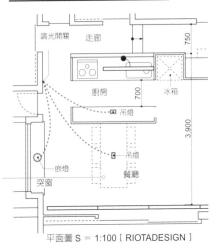

調光開關　走廊

廚房　冰箱

吊燈

吊燈

嵌燈　餐廳

突窗

平面圖 S ＝ 1:100 [RIOTADESIGN]

解說 A DesignLife 設計室、B akimichi design、C RIOTADESIGN

POINT 04
容易散亂的餐廳擺放的物品

餐廳除了每天吃飯之外,也是家人團聚、招待客人等各種情境的空間。最好掌握餐桌上擺放的餐具類的基本尺寸,並決定收納空間。容易亂丟的小孩教科書、學習工具、書包〔參考 93 頁〕等,也請事先想好暫時收納的空間。

餐具類

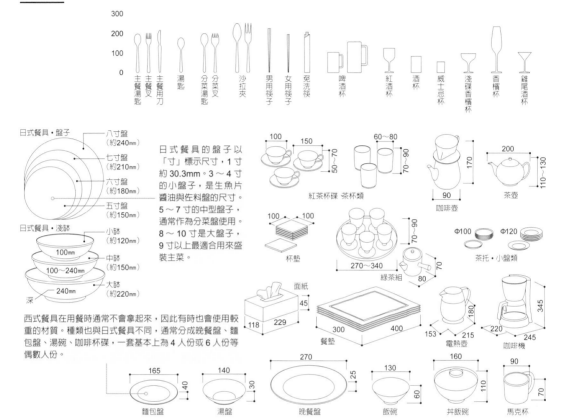

日式餐具的盤子以「寸」標示尺寸,1 寸約 30.3mm。3～4 寸的小盤子,是生魚片醬油與佐料盤的尺寸。5～7 寸的中型盤子,通常作為分菜盤使用。8～10 寸是大盤子,9 寸以上最適合用來盛裝主菜。

西式餐具在用餐時通常不會拿起來,因此有時也會使用較重的材質。種類也與日式餐具不同,通常分成晚餐盤、麵包盤、湯碗、咖啡杯碟,一套基本上為 4 人份或 6 人份等偶數人份。

擺放在餐廳的家具

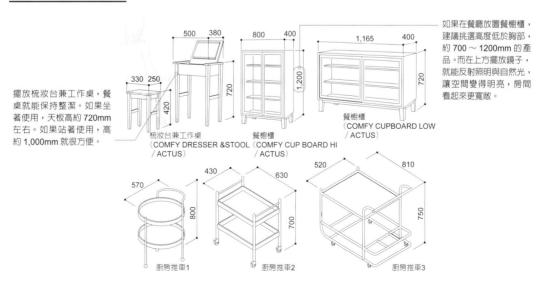

擺放梳妝台兼工作桌,餐桌就能保持整潔。如果坐著使用,天板高約 720mm 左右。如果站著使用,高約 1,000mm 就很方便。

如果在餐廳放置餐櫥櫃,建議挑選高度低於胸部,約 700～1200mm 的產品。而在上方擺放鏡子,就能反射照明與自然光,讓空間變得明亮,房間看起來更寬敞。

只要有 2.25 坪就能放電視與沙發

客廳、餐廳、廚房有各自不同的用途,也可以刻意不做成一個整體,而是錯開成人字形配置或設置隔間將空間分開。不過,也有人如果在客廳時看不見廚房就無法安心,因此請事先與屋主確認 **D**

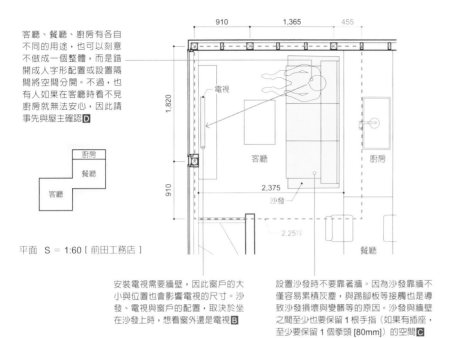

平面 S = 1:60 [前田工務店]

安裝電視需要牆壁,因此窗戶的大小與位置也會影響電視的尺寸。沙發、電視與窗戶的配置,取決於坐在沙發上時,想看窗外還是電視 **B**

設置沙發時不要靠著牆。因為沙發靠牆不僅容易累積灰塵,與踢腳板等接觸也是導致沙發損壞與變髒等的原因。沙發與牆壁之間至少要保留 1 根手指(如果有插座,至少要保留 1 個拳頭 [80mm])的空間 **C**

客廳天花板高約 2,300mm

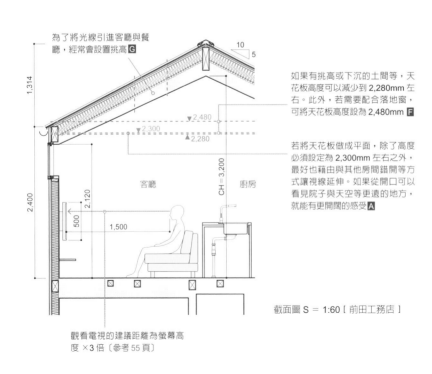

為了將光線引進客廳與餐廳,經常會設置挑高 **G**

如果有挑高或下沉的土間等,天花板高度可以減少到 2,280mm 左右。此外,若需要配合落地窗,可將天花板高度設為 2,480mm **F**

若將天花板做成平面,除了高度必須設定為 2,300mm 左右之外,最好也藉由與其他房間錯開等方式讓視線延伸。如果從開口可以看見院子與天空等更遠的地方,就能有更開闊的感受 **A**

截面圖 S = 1:60 [前田工務店]

觀看電視的建議距離為螢幕高度 ×3 倍〔參考 55 頁〕

如果將客廳、餐廳、廚房視為整體空間進行規畫,那麼確保廚房與餐廳的面積之後,剩下的就是客廳空間。由於廚房、餐廳等非得保留一定程度必要的面積,因此狹小住宅的客廳,難免也會變得窄小,必須花點心思營造小而舒適的空間。

POINT 01

電視的觀看距離是
螢幕高度的 3 倍

客廳的大小取決於沙發與電視的位置關係（觀看距離）。如果使用液晶電視，適當的距離是螢幕高度的約 3 倍。近年安裝的電視也愈來愈大，通常為 46 吋或 49 吋。超過 60 吋就是大型電視，必須注意搬入路徑。有些人也會另外安裝音響，這時必須注意設置寬度等。

觀看電視的距離

如果看電視時夕照映入眼簾，就會因為太過眩目而看不清楚螢幕。可以利用屏風等擋住夕照 A

電視櫃與牆壁之間距離 600mm 左右，也可以把這裡當成擺放觀葉植物或落地燈的空間 B

考量到與電視的平衡，以及可能會擺放圖畫或花等裝飾，電視櫃的寬度最好為電視的寬度＋左右 100～200mm B

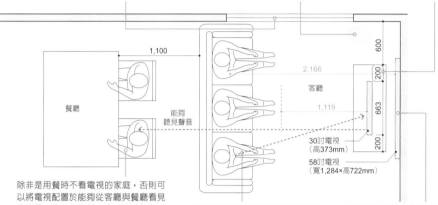

除非是用餐時不看電視的家庭，否則可以將電視配置於能夠從客廳與餐廳看見的位置。最好是即使在廚房準備餐點時看不見畫面，也能聽見新聞等聲音的位置關係。C

電視與沙發可以面對面。面對南邊或西邊的開口部，因為日光會直射進來，導致畫面看不清楚，最好避開 A

壁掛式電視為了隱藏 DVD 等的配線，可在牆壁內埋入配線用的 CD 管，或是將配線藏到背後（後面的房間）A

電視的大小

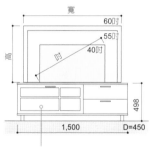

ACTUS「FB TV BORD」。電視櫃基本上選擇搭配地板的材質與顏色。如果在房間裡不會看到其他家具，也可以選擇與地板不同的顏色作為房間的亮點。電視櫃的門，比起木製，玻璃製的需求較高。電視櫃的門如果使用玻璃＋天然薄板材質，紅外線就能在關著門的狀態下通過，因此能夠直接以遙控器操作，不僅便於使用，外觀也簡潔 B

表 1　螢幕尺寸與建議觀看距離 [＊1]

螢幕尺寸（對角線）		高（mm）	寬（mm）	建議觀看距離	畫質
吋	mm	[＊2]	[＊2]	（mm）	
32	812	398	708	1,194	只有超高畫質
37	939	461	819	1,383	（約 200 萬畫素）
40	1,016	498	885	1,494	
43	1,092	535	952	1,605	大於 40 吋的電視有
45	1,143	560	996	1,680	4K（約 800 萬畫素）
48	1,219	598	1,062	1,794	可選擇
49	1,244	610	1,085	1,830	
50	1,270	623	1,107	1,869	
55	1,397	685	1,217	2,055	
58	1,473	722	1,284	2,166	
60	1,524	747	1,328	2,241	
65	1,651	809	1,439	2,427	55 吋以上有 4K
70	1,778	872	1,549	2,616	OLED [＊1]
75	1,905	934	1,660	2,802	
80	2,032	996	1,771	2,988	

＊1 小數點以下無條件捨棄 | ＊2 有些螢幕的長寬比為 9:16

建議觀看距離無論是超高畫質還是 4K，基本上都是電視螢幕高的 3 倍。據說最新的 4K 電視，為了享受高精密度的影像，適當的觀看距離縮短為螢幕高度的 1.5 倍。話雖如此，距離過短容易造成眼睛疲勞，最好還是保有充分的距離 D

表 2　各式各樣的電視

SONY／BRAVIA 系列	Panasonic／VIERA 系列	東芝／REGZA 系列
Soundbar 兩側的角度設計成與底座角度互相配合，因此聲霸本體能夠完全收納於底座內。尺寸有從 24 吋至 85 吋可供選擇。	能夠分辨細微的色彩差異，就連亮度低的色澤也能忠實重現，再加上背光控制引擎的對比補正，能夠呈現層次豐富的影像。尺寸有 19 吋至 77 吋可供選擇。	擁有廣視角 [＊2]，擺放場所的自由度也高。超薄結構與高度的設計感也是受歡迎的理由。尺寸有 19 吋至 65 吋可供選擇。

解說　A前田工務店、B ACTUS、C 3110ARCHITECTS 一級建築士事務所、D BIC CAMERA
※1 以自發光的方式顯示影像。既不像電漿電視那樣，需要讓發光材料發光的放電空間，也不需要像液晶電視那樣需要背光，因此螢幕可以做到非常薄。 |
※2 顯示從側面看螢幕時，能夠呈現正常影像的角度指標。

沙發與配置取決於
如何度過在客廳的時光

沙發坐起來的舒適感與使用的方便性，會受到形狀、材質與大小影響。此外，如果客廳有 10 坪以上，就能擺放 L 型沙發（寬 2,100×深 900・1,600× 高 800mm 左右）。此外，也有愈來愈多人不把客廳當成「大家一起看同一個電視節目」的空間，而是「家人各自做喜歡的事情」的空間，因此也必須注意沙發的配置。

沙發的尺寸

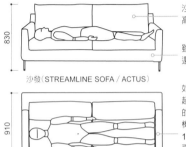

沙發（STREAMLINE SOFA / ACTUS）

沙發的尺寸以寬 1,900× 深 900× 高 800mm 為主流 **A**

雖然住宅的大小也有影響，但沙發還是以 2～2.5 人用為多 **C**

如果沙發的尺寸足以躺平，當寬度超過 2,000mm 時，就必須注意大樓的電梯大小等搬入時的問題。掃地機器人是否能進入沙發底部（高 100mm 以上）也是重點〔參考 30 頁〕 **A**

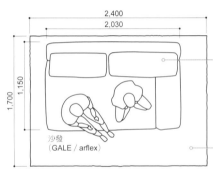

沙發
（GALE / arflex）

椅面柔軟的款式「GALE」。這款沙發使用大量最高級的羽絨，在 arflex 的產品中，也是特別柔軟舒適的沙發。**B**

地毯的大小配合客廳的地板面積。因此大樓使用的地毯尺寸為 1,400×2,000mm，獨棟住宅使用的則為 1,700×2,400mm（稍微與沙發重疊），兩者的尺寸並不相同 **A**

選擇沙發時，請屋主確認是否符合他平常坐下的姿勢、坐下站起時是否覺得不太對勁。椅面較高，椅墊空間較淺的款式，坐下站起容易，適合坐姿良好的人。至於較深、較低的沙發，能讓身體呈現接近躺下的姿勢，適合想要坐得舒適的人 **B**

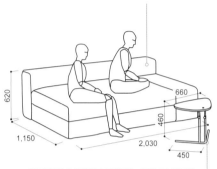

放置客廳桌會變得有點礙事，因此需求逐漸減少。不少人希望將放置桌子的部分當成孩子玩耍的空間。近年來偏好能將沙發扶手當成邊桌使用，或是使用能夠嵌入沙發的邊桌 **A**

沙發的配置

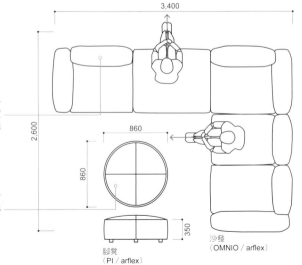

脚凳
（PI / arflex）

沙發
（OMNIO / arflex）

「OMNIO」是能夠自由配置的模組式（組合式）沙發。每個單元是一個單人座位，即使空間因為搬家而改變，也能配合空間與使用的方便性自由自在地變換組合 **B**

脚凳可以坐也可以放東西，非常好用。「PI」是一款能夠為沙發空間畫龍點睛的脚凳，人多的時候也能當成客廳中央的桌子使用 **B**

解說　**A** ACTUS、**B** arflex、**C** 山崎壯一建築設計事務所

POINT 03

如何讓狹小的客廳給人寬敞的感受

大家使用客廳的方式各不相同。即使空間狹小，譬如不放電視，仍然可以只配置嚴選的必要物品，或是使用裝潢家具等，打造舒適的空間。

▷ 充分運用小客廳的空間

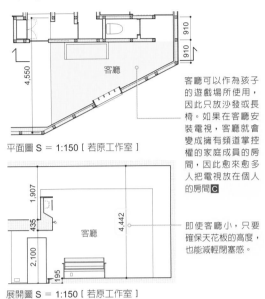

平面圖 S = 1:150 [若原工作室]

展開圖 S = 1:150 [若原工作室]

客廳可以作為孩子的遊戲場所使用，因此只放沙發或長椅。如果在客廳安裝電視，客廳就會變成擁有頻道掌控權的家庭成員的房間，因此愈來愈多人把電視放在個人的房間 C

即使客廳小，只要確保天花板的高度，也能減輕閉塞感。

▷ 裝潢家具能夠節省空間

平面圖 S = 1:150 [山崎壯一建築設計事務所]

展開圖 S = 1:150 [山崎壯一建築設計事務所]

如果無法確保面積，那就不要放沙發，事先做好裝潢家具（長椅型沙發深約600mm）就能節省空間 B

長椅型沙發不僅能當成餐椅使用，長椅下方也能收納物品，確保收納空間 B

POINT 04

客廳擺設的尺寸

客廳除了沙發與客廳椅之外，也會擺放觀葉植物、落地燈（間接照明、閱讀燈等）、雕塑或展示櫥窗等美術品、地毯、聽音樂的音響組等。請大致掌握這些物品的色澤，依此規畫客廳整體的配置。

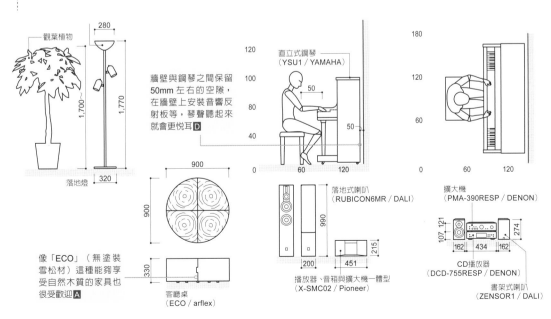

觀葉植物

落地燈

像「ECO」（無塗裝雪松材）這種能夠享受自然木質的家具也很受歡迎 A

客廳桌
（ECO / arflex）

牆壁與鋼琴之間保留50mm 左右的空隙，在牆壁上安裝音響反射板等，琴聲聽起來就會更悅耳 D

直立式鋼琴
（YSU1 / YAMAHA）

落地式喇叭
（RUBICON6MR / DALI）

播放器、音箱與擴大機一體型
（X-SMC02 / Pioneer）

擴大機
（PMA-390RESP / DENON）

CD播放器
（DCD-755RESP / DENON）

書架式喇叭
（ZENSOR1 / DALI）

解說　A arflex、B 山崎壯一建築設計事務所、C 若原工作室、D 廣部剛司建築研究所

POINT 05

降低二樓客廳開口部的高度，讓視線往下

如果將客廳、餐廳配置於二樓，與庭院的心理距離難免會拉遠。這時可以降低家具與開口部的高度，或是巧妙使用傾斜天花板來縮短與戶外之間的距離感。

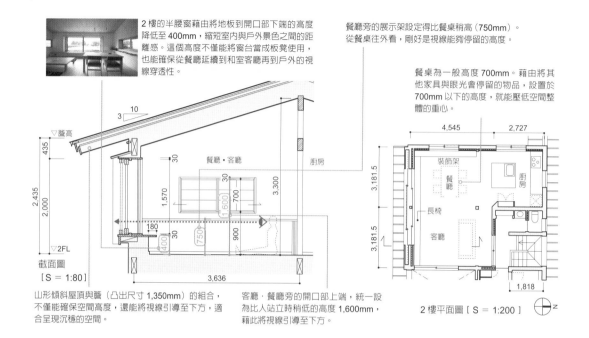

2 樓的半腰窗藉由將地板到開口部下端的高度降低至 400mm，縮短室內與戶外景色之間的距離感。這個高度不僅能將窗台當成板凳使用，也能確保從餐廳延續到和室客廳再到戶外的視線穿透性。

餐廳旁的展示架設定得比餐桌稍高（750mm）。從餐桌往外看，剛好是視線能夠停留的高度。

餐桌為一般高度 700mm。藉由將其他家具與眼光會停留的物品，設置於 700mm 以下的高度，就能壓低空間整體的重心。

▽簷高
435
2,435
2,000
▽2FL
截面圖 [S = 1:80]
3
10
30
餐廳・客廳
廚房
30
1,570
1,600
700
3,300
180
30
400
750
900
3,636

4,545　2,727
裝飾架
餐廳
廚房
3,181.5
長椅
客廳
3,181.5
1,818
2 樓平面圖 [S = 1:200]

山形傾斜屋頂與簷（凸出尺寸 1,350mm）的組合，不僅能確保空間高度，還能將視線引導至下方，適合呈現沉穩的空間。

客廳・餐廳旁的開口部上端，統一設為比人站立時稍低的高度 1,600mm，藉此將視線引導至下方。

POINT 06

利用傾斜天花板與地板高低差有效區隔空間

只要有效利用傾斜天花板，就能創造空間區隔。可以參考尺寸決定最高部分與最低部分的差該設為多少。此外，在本案例當中，也透過地板的高低差操作空間高度。

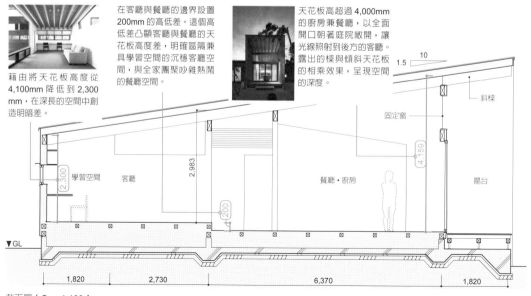

藉由將天花板高度從 4,100mm 降低到 2,300 mm，在深長的空間中創造明暗差。

在客廳與餐廳的邊界設置 200mm 的高低差。這個高低差凸顯客廳與餐廳的天花板高度差，明確區隔兼具學習空間的沉穩客廳空間，與全家團聚吵雜熱鬧的餐廳空間。

天花板高超過 4,000mm 的廚房兼餐廳，以全面開口朝著庭院敞開，讓光線照射到後方的客廳。露出的樑與傾斜天花板的相乘效果，呈現空間的深度。

1.5　10
斜樑
固定窗
4,159
陽台
學習空間　2,300
客廳
2,983
200
餐廳・廚房
▼GL
1,820　2,730　6,370　1,820
截面圖 [S = 1:100]

上　「循環之家」　設計：日影良孝建築工作室、照片：日影良孝
下　「枚方之家」　設計：井上久實設計室、照片：富田英次

POINT 07

空間的天花板高度
取決於面積與相對關係

如果客廳、餐廳、廚房無法擁有寬敞的面積，天花板也可以降得較低（2,200mm 左右），以配合小巧的平面空間。但不是把整個空間的天花板高度都降低，而是採用傾斜天花板等方式，藉由將部分空間挑高（3,000mm 左右），為空間帶來變化。

面對中庭，陽台設置大開口。倒映在地板與牆壁的光影與植物，為空間帶來深度。降低其他牆面的開口部高度，能夠更加強調中庭及陽台方向的通透感。

客廳、餐廳、廚房雖然位在同一個空間，但廚房與餐廳上方設置多目的空間以降低天花板高度，藉此將客廳、廚房與餐廳分成 2 個區域。不同的空間採用不同的天花板裝潢，這麼一來空間雖小也能帶來變化。

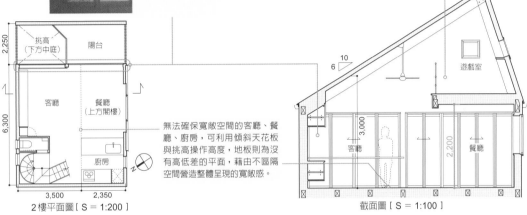

無法確保寬敞空間的客廳、餐廳、廚房，可利用傾斜天花板與挑高操作高度，地板則為沒有高低差的平面，藉由不區隔空間營造整體呈現的寬敞感。

2 樓平面圖 [S＝1:200]

截面圖 [S＝1:100]

POINT 08

餐廳挑高 1.5 層樓剛剛好

即使以開放空間為目標設置挑高，如果只是無謂地增加高度，也可能成為缺乏穩定感的空間。挑高 1.5 層樓能夠獲得恰到好處的開放感。如果與天花板高 1 層樓的空間相鄰，高度變化會更明顯。

挑高上方的 0.5 層樓空間，除了可作為陽台與收納之外，也能當成和室書房有效運用。

挑高的優點之一就是與樓上房間的距離感。挑高 1.5 層樓與挑高 2 層樓相比，既能確保樓上房間的隱私，又能有彼此相連的感覺。

挑高可使用 4m 材的柱子。如果比這更高，將會只強調高度，無法獲得寬敞感。可以同時設置天花板高 2,400mm 左右的空間。

如果在寬敞的空間中也設置較陰暗的場所，更容易強調明亮感與寬敞感。如果在距離地板 1,700mm 以上，比視線更高的位置設置開口，就能透過來自上方的採光，有效地呈現寬敞感與明亮感。

餐廳與客廳相比視線較高，因此天花板最好也設定得較高。如果能夠確保 3,000mm 以上的高度，就能擁有開放感。

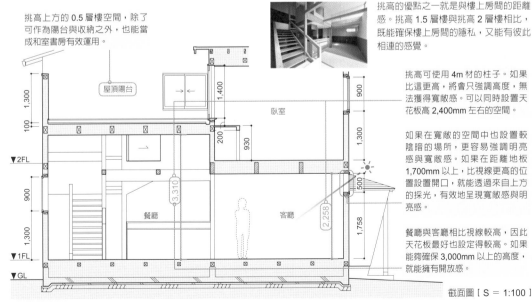

截面圖 [S＝1:100]

上　「村上家」　設計：藝術與工藝建築研究所、照片：杉浦傳宗
下　「為兩隻大型犬建造的斜坡屋」　設計：JYU ARCHITECT 充綜合計畫、照片：檜川泰治

不需要擺放家具，
空間寬敞的下沉式客廳

下沉式客廳將地板下挖，再利用與挑高及開口部的組合，即使空間的面積小，也能看起來寬敞。如果設置350～400mm的高低差，就能兼具座椅的功能，不需要再擺放沙發之類的家具。

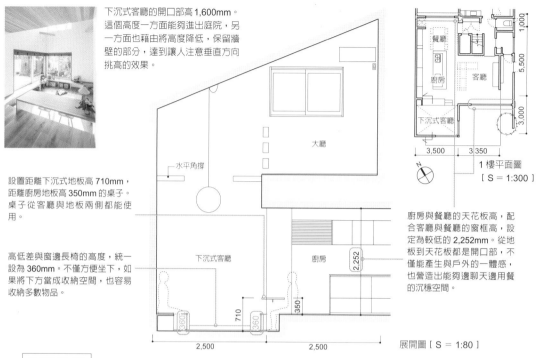

下沉式客廳的開口部高1,600mm。這個高度一方面能夠進出庭院，另一方面也藉由將高度降低，保留牆壁的部分，達到讓人注意垂直方向挑高的效果。

設置距離下沉式地板高710mm，距離廚房地板高350mm的桌子。桌子從客廳與地板兩側都能使用。

高低差與窗邊長椅的高度，統一設為360mm。不僅方便坐下，如果將下方當成收納空間，也容易收納多數物品。

大廳

水平角撐

下沉式客廳

廚房

2,252

360 710 360 350

2,500 2,500

廚房與餐廳的天花板高，配合客廳與餐廳的窗框高，設定為較低的2,252mm。從地板到天花板都是開口部，不僅能產生與戶外的一體感，也營造出能夠邊聊天邊用餐的沉穩空間。

餐廳

廚房

客廳

下沉式客廳

3,500 3,350

1,000 5,500 3,000

1樓平面圖
[S = 1:300]

展開圖 [S = 1:80]

利用地板高低差
操作亮度與視線高度

像客廳、餐廳這種具備多種功能的空間，可以藉由操作天花板與地板的高度，稍微將空間區隔開來，打造適合各自功能的空間。因為利用不同高度的地板能使空間產生層次，讓人感受到空間的深度。

如果重視建築物的外觀比例，天花板及樓高最好設定得較低。但如果勉強打造天花板低的空間，就會產生壓迫感。尤其客廳、餐廳等主要空間如果相鄰配置，必須確保天花板的高度有2,500mm～2,600mm左右。

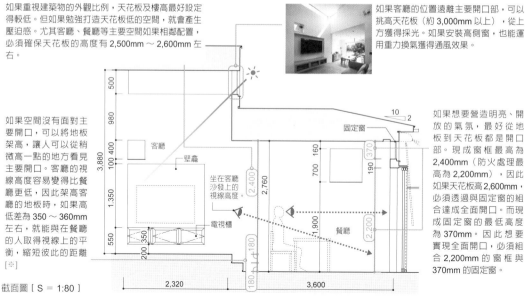

如果客廳的位置遠離主要開口部，可以挑高天花板（約3,000mm以上），從上方獲得採光。如果安裝高側窗，也能運用重力換氣獲得通風效果。

如果空間沒有面對主要開口，可以將地板架高，讓人可以從稍微高一點的地方看見主要開口。客廳的視線高度容易變得比餐廳更低，因此架高客廳的地板時，如果高低差為350～360mm左右，就能與在餐廳的人取得視線上的平衡，縮短彼此的距離[※]

客廳

壁龕

電視櫃

坐在客廳沙發上的視線高度。

餐廳

固定窗

10
2

500 980 100 400 1,350 550

3,880

200 350

180 180 180

2,320

2,400 2,760 1,900 2,200

160 700 190 370

3,600

如果想要營造明亮、開放的氣氛，最好從地板到天花板都是開口部。現成窗框最高為2,400mm（防火處理最高為2,200mm），因此如果天花板為2,600mm，必須透過與固定窗的組合達成全面開口。而現成固定窗的最低高度為370mm。因此要實現全面開口，必須組合2,200mm的窗框與370mm的固定窗。

截面圖 [S = 1:80]

上 「奈良縣K邸」 設計：積水House、照片：積水House ｜下 「下高井戶的家」 設計：松本直子建築設計事務所、照片：小川重雄
※ 如果客廳的位置比餐廳更低，坐在沙發的客廳與坐在椅子的餐廳之間的視線高低差會變得更大，因此空間的高低差可以減少到200mm左右。

POINT 11

利用夾層錯開視線，
創造穿透感

只要錯開夾層視線，即使在同一個空間當中，也能稍微將空間區隔開來，讓人能夠在不同的空間度過不同的時光。這時的高低差以身高的一半以下為基準。此外，請將度過時間最長的空間，配置在視線最開放的位置。

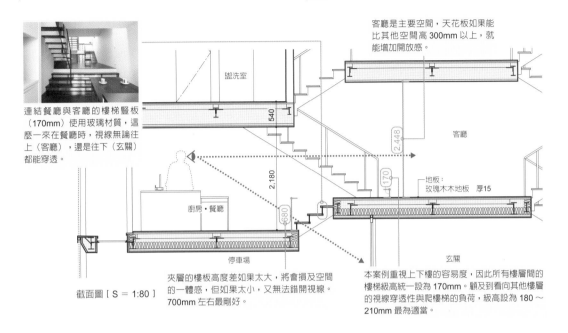

客廳是主要空間，天花板如果能比其他空間高 300mm 以上，就能增加開放感。

盥洗室

540

客廳

連結餐廳與客廳的樓梯豎板（170mm）使用玻璃材質，這麼一來在餐廳時，視線無論往上（客廳），還是往下（玄關）都能穿透。

2,448

2,180

170

680

地板：
玫瑰木木地板　厚15

廚房・餐廳

停車場

玄關

截面圖［ S ＝ 1:80 ］

夾層的樓板高度差如果太大，將會損及空間的一體感，但如果太小，又無法錯開視線。700mm 左右最剛好。

本案例重視上下樓的容易度，因此所有樓層間的樓梯級高統一設為 170mm。顧及到看向其他樓層的視線穿透性與爬樓梯的負荷，級高設為 180～210mm 最為適當。

POINT 12

能夠恰到好處區隔空間的
家具高度為 1,400mm

如果不仰賴操作天花板與地板的高度，也可以使用家具取代隔間來稍微區隔空間。這時，如果家具的高度為 1,400mm，相鄰的空間就不會在坐著的狀態下映入眼簾，但站起來時視線又能穿透。

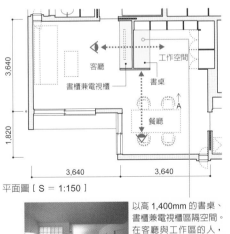

3,640

1,820

客廳

工作空間

書櫃兼電視櫃

書桌

餐廳

A

3,640　　3,640

平面圖［ S ＝ 1:150 ］

以高 1,400mm 的書桌、書櫃兼電視櫃區隔空間。在客廳與工作區的人，只要坐下來，彼此的視線就不會交錯。

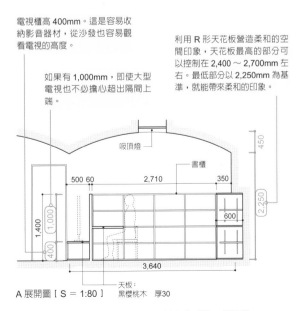

電視櫃高 400mm。這是容易收納影音器材，從沙發也容易觀看電視的高度。

如果有 1,000mm，即使大型電視也不必擔心超出隔間上端。

利用 R 形天花板營造柔和的空間印象，天花板最高的部分可以控制在 2,400～2,700mm 左右。最低部分以 2,250mm 為基準，就能帶來柔和的印象。

吸頂燈

書櫃

450

500　60　　2,710　　350

600

1,400

1,000

2,250

400

3,640

A 展開圖［ S ＝ 1:80 ］

天板：
黑櫻桃木　厚30

上　「南田邊之家」　設計：藤原・室建築設計事務所、照真：矢野紀行｜下　「陶藝師之家」設計：小野設計建築設計事務所、照片：小野喜規

和室的隔間物高度設定為 1,800mm 以下

【標準】拉門之類的隔間物高度建議設為 1,800～1,900mm 左右。隔間物設定得較低，上方設置垂壁或欄間等，就能打造有環繞感的舒適空間 A

【標準】空調利用凹間的深度設置，就能隱藏於牆壁內，維持空間的優美 A

【標準】天花板高度以 2,100～2,250mm 為標準。照明設置於天花板會讓人覺得雜亂，設置於牆邊就能透過間接照明營造陰影 B

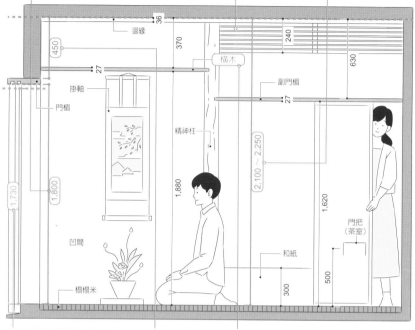

迴緣 36
370
240
630
橫木
450
27
副門楣 27
掛軸
門楣
精神柱
1,880
2,100～2,250
1,620
1,730
1,800
門把（茶室）
凹間
和紙
500
楊楊米
300

〔低〕古民家等老屋的隔間高度稍低，約為 1,730～1,760mm A

【標準】垂壁與欄間如果沒有 300mm 以上，會給人不太夠的印象 A

【標準】凹間的橫木基本設定得比柱間橫板高。在一般的和室，只要比隔間物的門楣、副門楣或開口部上框高即可。A

隔間物的開口部也低

▷ 拉門的基本高度

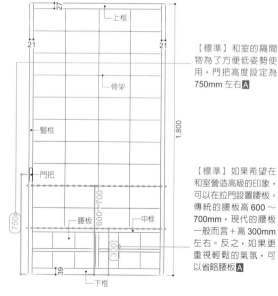

27
21   21
上框
骨架
豎框
1,800
門把
腰板
600～700
中框
750
330
39
下框

【標準】和室的隔間物為了方便低姿勢使用，門把高度設定為 750mm 左右 A

【標準】如果希望在和室營造高級的印象，可以在拉門設置腰板。傳統的腰板高 600～700mm，現代的腰板一般而言＋高 300mm 左右。反之，如果更重視輕鬆的氣氛，可以省略腰板 A

▷ 高 1,200mm 的開口降低視線

【標準】面對庭院的和室開口部若設定得較低，將視線往下引導，就能營造沉穩的氣氛。高度即使降低到 1,200mm 左右，也不會覺得窘迫 C

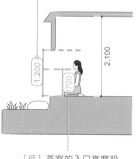

1,200
700
2,100

〔低〕茶室的入口高度設定得更低，約 700mm D

解說　A松本直子建築設計事務所、B諏訪製作所、C井上久實設計室、D JYU ARCHITEST 充綜合計畫一級建築士事務所

和室的沉穩感源自於「低」

和室的基本姿勢是坐在地板上，因此視線高度必然會變低。天花板、開口部、隔間門把等如果配合這點設定得比其他空間更低，就能帶來沉穩感與舒適感。此外，陰影對和室也很重要。照明的位置與垂壁的高度必須花點心思，以免天花板附近變得太亮。

POINT 01

設置架高 350mm 的和室

近年設置和室多半不是為了當成客廳使用，而是為了度過日常生活的悠閒時光。在餐廳旁邊設置稍微架高的和室，就能打造成稍微與大空間區隔開的榻榻米起居室。考慮到人的視線等，也必須稍微花點心思調整架高的高度。

至少要 1.5 坪才能躺下

使用正方形的琉球榻榻米就能簡單進行配置。而且市面上有 820×820mm、850×850mm、880×88mm 等多種尺寸，因此也方便根據空間調整。

如果兼作客房使用，除了需要 2.25 坪的空間以便打地鋪之外，最好也確保壁櫥與凹間的空間 B

尤其有孩子的家庭通常會想要坐在地板上，因此和室客廳很受歡迎 A

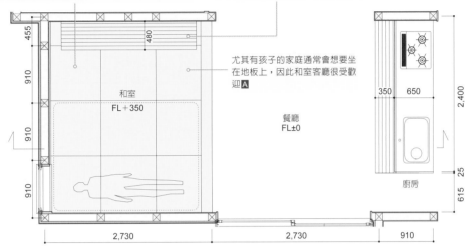

平面圖 [S = 1:60] [Asunaro 建築工房]

做成架高空間並調整天花板高度

【標準】架高的和室，下方可作為收納使用。如果有 350mm 的高度，就能確保收納市售收納箱的空間。

和室多半與廚房、餐廳一體。藉由調整家具配置與天花板高度，就能稍微區隔空間 C

【標準】在和室裝設與樑高相等的垂壁，並架高 350mm（下方作為收納空間），那麼即使和室（客廳）＋廚房＋餐廳在同一個房間內，看起來依然各自屬於不同的空間。如果再鋪設坐墊，視線高度就幾乎與餐椅相同 A

如果有充裕的空間，可以同時設置擺放電視與沙發的客廳空間，以及架高的和室（約 3 張榻榻米，高 300～400mm），如果有困難，就選擇其中一種 C

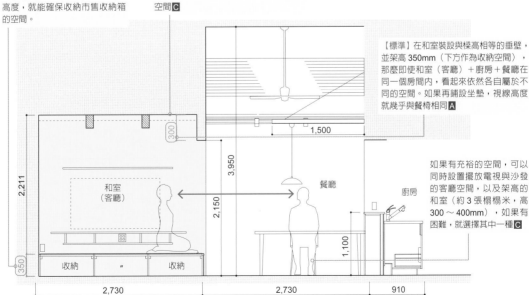

截面圖 [S = 1:60] [Asunaro 建築工房]

解說 A Asunaro 建築工房、B 3110ARCHITECTS 一級建築士事務所、C DesignLife 設計室

創造有魅力的發懶空間的動作尺寸

和室的用途相當多元，其面積大小也會隨著用途而改變。主要的用途除了日常生活放鬆休息之外，還有使用矮桌用餐、從事插花、茶道等興趣以及設置佛壇〔參考66頁〕、摺衣服、幫嬰兒換尿布等。掌握這些動作的尺寸，就能判斷適當的面積大小。

榻榻米的規格尺寸與疊割法

柱心

疊割法（榻榻米尺寸）
1／2尺寸
（柱間的1／2）
柱割法（柱間尺寸）

以榻榻米的尺寸為基準，算出柱子內部的尺寸，再根據這個尺寸將柱子配置於外側，並決定柱間尺寸的方法稱為「疊割法」，使用的規格是京間或中間。至於田舍間等，則採用「柱割法」，根據格局決定柱間尺寸，再根據這個尺寸算出榻榻米的大小。

表 榻榻米的尺寸規格

JIS 名稱	通稱	尺寸名稱	長（mm）	寬（mm）	備註・使用地區
米間	—	—	1,920	960	部分建商使用
京間	本間	六三間	1,910	955	關西、中國、九州、秋田縣、青森縣
—	三寸間	六一間	1,850	925	瀨戶內海沿岸地區、岩手縣
中間	中京間	三六間	1,820	910	中京地區、東北、北陸部分地區、沖繩
田舍間	關東間（江戶間）	五八間	1,760	880	靜岡縣以東的關東到北海道

＊根據 JIS 規格的標準尺寸規定，榻榻米的厚度為 55mm 或 60mm。但現在的泡棉榻榻米，可配合住宅的設計，製作成厚 12 ～ 60mm 的款式。

在地板上放鬆休息的動作尺寸

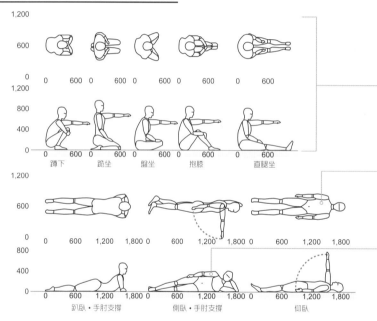

蹲下　跪坐　盤坐　抱膝　直腿坐

趴臥・手肘支撐　側臥・手肘支撐　仰臥

坐在地板上的時候，腿的動作與視線的高度等會隨著坐姿而改變，因此必須注意。也可評估是否使用坐墊或和室椅。

也請注意在和室躺下休息時的姿勢。躺下的姿勢，也會隨著看電視、看外面、與家人聊天、讀書等行為而改變。

躺著操作的開關類，可以設置在距離地板 200 ～ 400mm 左右的位置。但安裝在牆壁上的開關會限制操作時的姿勢，因此使用遙控器比較方便。

坐在矮桌前的動作尺寸，以及和室椅、矮桌、坐墊的尺寸

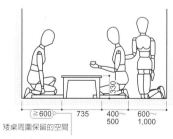

≧600　735　400～500　600～1,000

330

矮桌周圍保留的空間

坐在矮桌前除了坐墊與椅子等的尺寸之外，還必須知道坐下的動作尺寸，以及從坐著的人背後上茶水等所需的尺寸。〔參考 52 頁〕

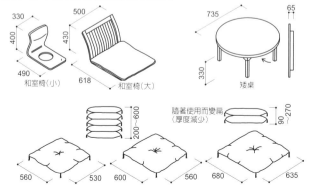

330
400
490
和室椅（小）

500
430
618
和室椅（大）

735
65
330
矮桌

隨著使用而變扁（厚度減少）
200～600
90
270

560　530　600　560　680　635
M號坐墊（側面尺寸550×590）　L號坐墊（側面尺寸590×630）　膚間坐墊（側面尺寸665×710）

POINT 03

壁櫥需要考慮寢具的取放

如果在臥室擺放床鋪，這個位置就只能用來睡覺。但如果打地鋪，房間就能使用於睡覺之外的用途。因此狹小住宅的睡墊需求就很高。和室的壁櫥最好以能夠收納睡墊等寢具為前提決定尺寸。

壁櫥與寢具收納的關係

如果將和室當成臥室使用，那麼除了 2.25 坪之外再加上收納空間，就足以睡 2 個人。能夠收納寢具的壁櫥，寬度約為 1,050mm **A**

最好能夠事先知道和室的壁櫥需要收納幾組睡墊，以及除了睡墊之外，還會收納什麼東西（理想尺寸為寬 1,000～1,200mm，深 750～800mm，平開門）**B**

陽台

主臥房（2.35坪）

寢具

收納／下方為平面

設置於壁櫥旁的衣櫃，深度做得較淺，其餘的空間作為背後房間的收納使用。

平面圖 S = [1:60] [Ando Atelier]

展開圖 S = [1:60] [Ando Atelier]

人將睡墊拿起來時的高度為 500～600mm，寬度約為 900mm。如果壁櫥分成上下 2 層，那麼第 2 層距離地板高 500～600mm以上，寬 1m 以上，就很方便將睡墊放上去。

拿著睡墊時的狀態　容易收納寢具的高度

棉被 200～270
睡墊 250～260

折疊、取放、鋪設睡墊等動作，可以在鋪著的睡墊上進行，也可以利用將睡墊折起來之後的空間進行，因此不需要特地為這些動作保留空間 **C**

寢具類與寢具用品的收納尺寸

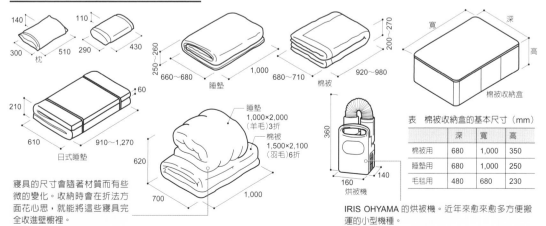

枕

睡墊

棉被

日式睡墊

睡墊 1,000×2,000（羊毛）3折
棉被 1,500×2,100（羽毛）6折

寢具的尺寸會隨著材質而有些微的變化。收納時會在折法方面花心思，就能將這些寢具完全收進壁櫥裡。

寬　深　高

棉被收納盒

烘被機

IRIS OHYAMA 的烘被機。近年來愈來愈多方便搬運的小型機種。

表　棉被收納盒的基本尺寸（mm）

	深	寬	高
棉被用	680	1,000	350
睡墊用	680	1,000	250
毛毯用	480	680	230

解說　**A** Ando Atelier、**B** RIOTADESIGN、**C** DesignLife 設計室

擺放在和室的佛龕・神龕・茶具的規定，以及空調・暖桌

有些屋主為了設置神龕與佛龕，或是為了從事茶道之類的興趣而需要和室。但無論如何，都還是必須與周圍的裝潢設計融合，因此請確實掌握各種尺寸。此外，將空調隱藏於壁面的情況也很多，因此其尺寸也必須事先確認。

佛龕與神龕

設置佛龕時，最重要的是供奉在方便每天禮拜的場所。附帶一提，佛龕也有設置於五斗櫃、餐櫥櫃、壁櫥上半部空間的類型。

設置佛龕的方位眾說紛紜，但如果佛龕與神龕面對面設置，禮拜其中一方時，臀部就會朝著另外一方，因此不是好的配置。

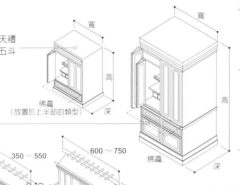

佛龕
（放置於上半部的類型）

佛龕

表1 佛龕尺寸表（mm）

	寬	深	高
	350～500	350～500	1,200～1,350
	500～600	450～500	1,400～1,500
	600～750	500～700	1,500～1,750
放置於上半部的類型	300～400	250～300	400～500
	400～500	300～400	500～600
	500～600	400～500	600～700
	600～700	500～600	700～850

御神札立座

箱宮

一社神棚

三社神棚

神龕分成只供奉神主牌的「御神札立座」、將小神社裝進盒子裡的「箱宮」、有1座小神社及1扇門的「一社神棚」，以及有3座小神社及3扇門的「三社神棚」。通常會安裝專用層板，但如果在家具上鋪一塊板子或白布，也可以供奉於家具上。

關於茶道的基本尺寸

火爐設置的位置，也會隨著構成的「丸疊」[※1] 或台目疊 [※2] 的數量而改變，因此必須注意。

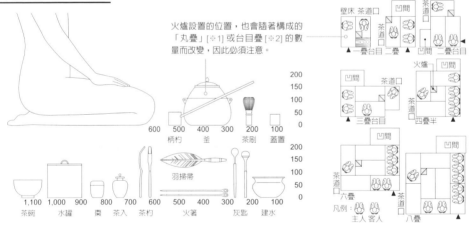

柄杓　釜　茶刷　蓋置

羽撈帚

茶碗　水罐　棗　茶入　茶杓　火箸　灰匙　建水

壁床　茶道口　凹間　茶道口

茶道口　一疊台目　二疊　凹間　二疊台目

凹間　茶道口　火爐　凹間

三疊台目　茶道口　四疊半

凹間　凹間

茶道口　六疊　八疊　茶道口

凡例：主人　客人

冷暖氣設備（空調・暖桌）

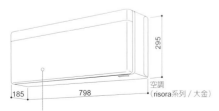

空調
（risora系列 / 大金）

185　798

295

考慮到今後可能會更換機種，因此最好預先保留充分的收納空間。也有使用百葉窗等隱藏的嵌入型，但價格很高。相較之下，可以盡量選擇設計簡潔，沒有凹凸的機種。此外，上述機種必須在左右各保留50mm，上方保留30mm的空間。電源線與管線類的位置，也會隨著產品而改變，因此請事先確認 A

面板掀開時的尺寸
360(含背板)

運轉時225
(含背板)

40

104

165

240

risora系列 / 大金空調
運轉時需要的尺寸

A　B

360+棉被厚

本體高
340

暖桌

表2 暖桌的基本尺寸範例（mm）

暖桌本體	桌板（A×B）
550×550	600×600
700×700	750×750
880×880[＊]	900×900

＊ 也有 860×860、870×870 的類型

解說　A BIC CAMERA

※1 丸疊是相當於一張普通榻榻米大小的榻榻米，是相對於台目疊與半疊的名詞。 | ※2 台目疊是一種使用於茶室的榻榻米，長度大約只有普通榻榻米的4分之3。舉例來說，長六尺三寸的丸疊，扣掉擺放茶道用具台子寬度一尺四寸，以及屏風的厚度一寸，就變成長四尺八寸（約1,454.5mm）的榻榻米。

榻榻米與木地板
如何平坦銜接

一般木地板的厚度大約 15mm，但榻榻米的厚度甚至多達 60mm。因此，如果希望平坦銜接鋪設榻榻米的和室與鋪設地板的空間，就必須在地板基礎的部分花心思解決厚度差異。附帶一提，薄榻榻米的厚度約 15mm，因此即便使用與木地板相同的基礎結構，也能平坦銜接。

硬質樓板的榻榻米與
木地板平坦銜接

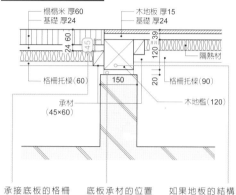

承接底板的格柵托樑與承材，高度設定在比木地板低 45mm 的位置，就能與木地板面對齊。

底板承材的位置如果比木地檻的下端更低，將會阻礙透氣性，因此必須注意。

如果地板的結構是在木地檻與格柵托樑直接鋪設底板的硬質樓板，就能以 120mm 方形的木地檻高度吸收榻榻米的厚度（60mm）。

1 樓地板截面詳細圖［S = 1:15］

格柵型樓板的榻榻米與
木地板平坦銜接

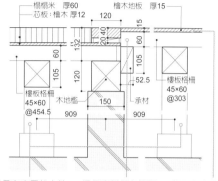

如果是在安置於木地檻與格柵托樑上的樓板格柵鋪設格柵型樓板，那麼木地檻側的木地檻與格柵托樑必須配合榻榻米地板，將高度設定為 60mm 左右。

這個案例是在樓板格柵上直接鋪設木地板，但一般來說，也必須考慮鋪設於樓板格柵上的底板厚度。

如果是在樓板格柵直接鋪設木地板，那麼以 303mm 的間隔設置較密的樓板格柵，就能抑制木地板的變形。

1 樓地板截面詳細圖［S = 1:15］

架高和室的高低差
請設為 400mm 以下

如果將以坐在地板上為基本姿勢的和室設置於其他空間的一角，可以將和室稍微架高，讓在和室的人的視線高度能夠接近相鄰空間的人的視線高度。架高的適當高度雖然必須根據和室的用途與使用頻率（移動頻率）等決定，但最高也不要超過 400mm 左右。如果高於這個高度，就會因為高低差過大而不容易使用。

【高】如果在架高處設置抽屜，將和室的地板下方作為收納使用，就需要 350mm 以上的高低差。這個高度也適合將架高的部分當成長椅使用。

截面圖［S = 1:60］

【標準】在臥室旁設置架高和室。預設作為育兒空間或孩子的臥室使用，因此高度設定為接近床鋪的 300mm。

【低】如果架高約 200mm，往來和室與相鄰的空間就會更輕鬆。適合頻繁移動的情況。

【標準】直接在和室的天花板安裝吸頂燈並不是討喜的設計。這個案例將照明埋入立體天花板的內部，並使用仿和紙的壓克力板隱藏燈具。

利用凹間的深度設置壁櫥（照片左後方）。壁櫥下方的空間高約 500mm 剛剛好。如果有 500mm，就能稍微收納厚重的寢具與其他物品，因此相當方便。

上左　解說：松本直子建築設計事務所｜上右　「循環之家」　設計：日影良孝建築工作室
下　「朝庭之家」　松本直子建築設計事務所、照片：小川重雄

經典的 UB1616

很多人最重視是否容易清掃，同時也將成本、耐久性、功能性等納入考量，最後選擇了 UB。UB1616、1216 只需要一坪的空間，因此是最常選用的規格 A

有時也會根據屋主的希望與花費考量而改用 UB。如果使用 UB，最多人使用的是 UB1418 或 1616 B

如果無法確保充分的天花板夾層空間，導致天花板面與水平角撐互相干涉，就需要直接裝設於 UB 壁面等工夫 D

設定能夠容納 UB 的樓高。尤其安裝於二樓時，必須注意與樑之間的干涉 E

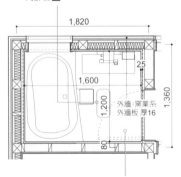

必須注意 UB 的搬入路徑。如果能在做牆壁之前搬入，就不用擔心牆壁被 UB 刮傷。

可以和屋主一起去展售空間，實際感受之後再選擇 C

骨架與 UB 本體之間需要的間隙，在計畫時就必須確認。

平面圖 [S = 1:50]
[若原工作室]

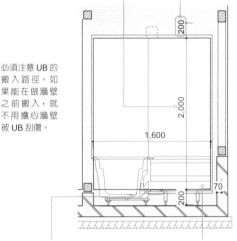

浴缸的部分比樓面稍低。如果將 UB 安裝於 2 樓，必須注意管線配置路徑。

全整體衛浴具有較不容易漏水的優點，因此尤其適合安裝於 2、3 樓。安裝的浴室種類也可以像這樣根據樓層區分 F

截面圖 [S = 1:50] [若原工作室]

高齡者最適合 UB1216

UB1216 容易扶住牆壁、抓住扶手，因此推薦給高齡者 G

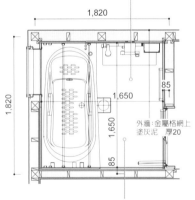

如果 UB1216 太小，1616 又超過預算，也推薦 1316（安裝需要的尺寸：寬 1,370× 深 1,670× 高 2,780mm，柱心：寬 1,517× 深 1,820mm）H

平面圖 [S = 1:50] [前田工務店]

空間寬敞的 UB1717

UB1717 雖然感覺相當寬敞，但如果牆心到牆心 1,820mm，有效寬度只有 1,715mm，設置 UB（1,700mm）就只多出 15mm 的空間 [※1] G

如果希望有寬敞的浴室，有時 UB1620 就已經足夠。可以請屋主一起去實際參觀。如果大於這個尺寸，變大的只有沖澡空間，浴缸並不會變大 D

平面圖 [S = 1:50] [前田工務店]

解說 A 若原工作室、B Ando Atelier、C 3110ARCHITECTS 一級建築士事務所、D Asunaro 建築工房、E 木木設計室、F NL Design 設計室、G 前田工務店、H akimichi design

浴室以 1 坪的整體衛浴為基準思考

很多屋主考量成本與功能性，最後選擇了整體衛浴（以下簡稱 UB）。設計時，請先掌握安裝這些現成品需要的尺寸。

此外，也請根據屋主的生活與家庭組成等，仔細思考哪種尺寸最適合。

半整體衛浴也
必須注意防水

半整體衛浴的魅力在於既能夠自由打造牆壁與天花板，也具備整體衛浴的防水性。但必須注意的是，半整體衛浴不僅尺寸與設計受到限制，有時候花費甚至比傳統工法更高。如果使用半整體衛浴，腰部以上的部分必須進行防水處理。

半整體衛浴的尺寸

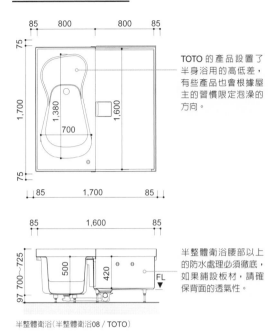

TOTO 的產品設置了半身浴用的高低差，有些產品也會根據屋主的習慣限定泡澡的方向。

半整體衛浴腰部以上的防水處理必須徹底，如果鋪設板材，請確保背面的透氣性。

半整體衛浴（半整體衛浴08 / TOTO）

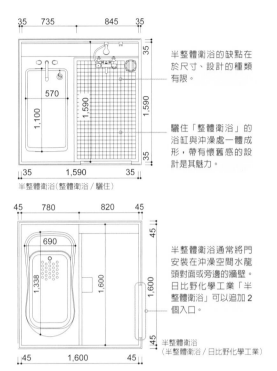

半整體衛浴的缺點在於尺寸、設計的種類有限。

驪住「整體衛浴」的浴缸與沖澡處一體成形，帶有懷舊感的設計是其魅力。

半整體衛浴（整體衛浴 / 驪住）

半整體衛浴通常將門安裝在沖澡空間水龍頭對面或旁邊的牆壁。日比野化學工業「半整體衛浴」可以追加2個入口。

半整體衛浴
（半整體衛浴 / 日比野化學工業）

全整體衛浴的
尺寸參考

整體衛浴即使面積相同，也有多種不同的規格。而即便是同樣的規格，獨棟住宅用與公寓大樓用的尺寸也有些微差異。這裡介紹各種獨棟住宅用整體衛浴的內部尺寸。此外，設置整體衛浴時，必須根據規格增加比內部尺寸多 50～100mm 的空間，因此請確實掌握。

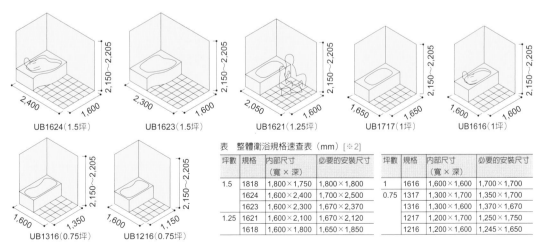

UB1624（1.5坪）　UB1623（1.5坪）　UB1621（1.25坪）　UB1717（1坪）　UB1616（1坪）

UB1316（0.75坪）　UB1216（0.75坪）

表　整體衛浴規格速查表（mm）[※2]

坪數	規格	內部尺寸（寬×深）	必要的安裝尺寸	坪數	規格	內部尺寸（寬×深）	必要的安裝尺寸
1.5	1818	1,800×1,750	1,800×1,800	1	1616	1,600×1,600	1,700×1,700
	1624	1,600×2,400	1,700×2,500	0.75	1317	1,300×1,700	1,350×1,700
	1623	1,600×2,300	1,670×2,370		1316	1,300×1,700	1,370×1,670
1.25	1621	1,600×2,100	1,670×2,120		1217	1,200×1,700	1,250×1,750
	1618	1,600×1,800	1,650×1,850		1216	1,200×1,600	1,245×1,650

※1 採用防火結構時，必須在外牆的屋內側鋪設厚 9.5mm 的石膏板，或是填充厚 7.5mm 以上的玻璃棉（或石綿），並鋪設厚 4mm 以上的合板等。本案例的外牆採用厚 20mm 的鋼筋水泥砂漿壁，也屬於防火結構。 | ※2 UB1623、1621、1316、1217 的內部尺寸及必要的安裝尺寸，參考 Panasonic 的「Oflora 系列」，其他則參考 TOTO 的「sazana 系列」。詳情請參考各廠商的設計資料目錄。

傳統工法的浴室也以
內部尺寸 1,600mm 為基準思考

傳統工法的浴室，能夠配合屋主的需求與使用方式，自由自在地設計天花板的高度與開口部的形狀、配置等。但必須充分注意防水處理、安全性以及維護的方便性。

1,600mm 浴缸的注意事項

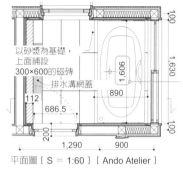

以砂漿為基礎，上面鋪設 300×600的磁磚

排水溝網蓋

愈來愈多人希望安裝 1,600mm 的浴缸，但個子小的人可能會因為腳碰不到另一邊而導致身體浮起來。與日式浴缸相比，深度較淺這點也必須注意 A

平面圖 [S = 1:60] [Ando Atelier]

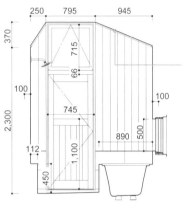

如果做成傾斜天花板，最低處的高度可能只有 1,900mm。這種情況無法使用天花板通風扇，請改用壁面通風扇。

截面圖 [S = 1:60] [Ando Atelier]

木造軸工法浴缸的注意事項

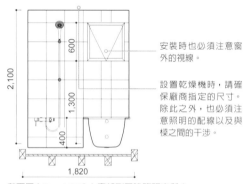

KALDEWEI 的琺瑯浴缸保溫效果好，因此很推薦。設置於 2 樓時，請採用能夠承受浴缸＋水＋人體重量的設計。

平面圖 [S = 1:60] [廣部剛司建築研究所]

安裝時也必須注意窗外的視線。

設置乾燥機時，請確保廠商指定的尺寸。除此之外，也必須注意照明的配線以及與樑之間的干涉。

截面圖 [S = 1:60] [廣部剛司建築研究所]

淋浴區須確保
900mm 見方的空間

了解洗澡時的基本尺寸。請根據屋主家庭成員的體型與年齡等，設計必要的尺寸。近年來能夠把腳完全伸直的浴缸也很受歡迎，不過，如果浴缸太大，反而會因為腳碰不到另一邊而變得不穩定，因此必須注意。

入浴時的動作尺寸

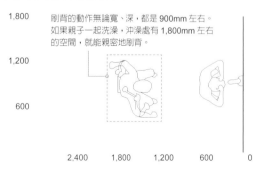

刷背的動作無論寬、深，都是 900mm 左右。如果親子一起洗澡，沖澡處有 1,800mm 左右的空間，就能親密地刷背。

請不要忘記，務必配合站與坐的高度分別設置兩個以上的蓮蓬頭架。置物架最好也同樣設置兩個以上。

解說　A Ando Atelier、B 廣部剛司建築研究所

POINT 05

安全的浴室扶手高度

近年來，愈來愈多人在浴室安裝椅子或櫃台式層架，因此浴缸邊緣的高度就變矮了。安裝扶手時也必須考慮這些物品的高度。除此之外，還必須注意適當的安裝位置及各自的高度與形狀。

浴室內安裝扶手的位置

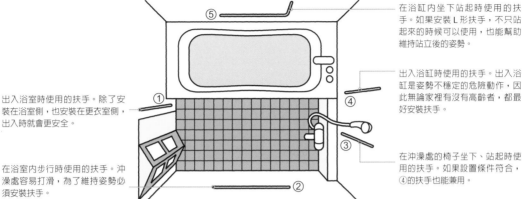

在浴缸內坐下站起時使用的扶手。如果安裝 L 形扶手，不只站起來的時候可以使用，也能幫助維持站立後的姿勢。

出入浴缸時使用的扶手。出入浴缸是姿勢不穩定的危險動作，因此無論家裡有沒有高齡者，都最好安裝扶手。

在沖澡處的椅子坐下、站起時使用的扶手。如果設置條件符合，④的扶手也能兼用。

出入浴室時使用的扶手。除了安裝在浴室側，也安裝在更衣室側，出入時就會更安全。

在浴室內步行時使用的扶手。沖澡處容易打滑，為了維持姿勢必須安裝扶手。

浴室各處的扶手安裝位置與尺寸

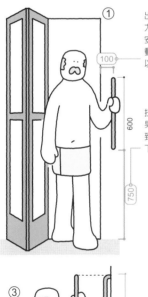

① 出入浴室的扶手不是為了輔助施力，而是為了維持姿勢，因此盡量安裝在靠近出入口的位置以免妨礙動作。如果距離浴室的門 100mm 以上，就必須扭轉身體才能抓住。

扶手的下端距離地板 750mm。如果浴室與更衣室的樓地板高度不一致，那麼地板較低的那一側，扶手下端還要再往下 100mm 左右。

將扶手配置於浴缸邊緣中央的延長線上，這樣在進入和離開浴缸時皆可使用。

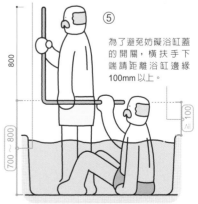

② 在浴室內移動時使用的扶手高度，基本上是 750～800mm。如果跌倒的危險性較高，就將扶手安裝在稍高的 800～900mm 處，這麼一來即使失去重心也能有效維持姿勢。

浴室內的地板裝潢，除了考慮潮濕時的安全性之外，也必須選擇即使肥皂殘留也不容易滑倒的材質（十和田石、伊豆石等）。

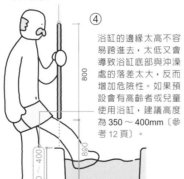

③ 選擇距離地板約 400mm 的牢固椅子，比較容易維持穩定的姿勢。

④ 浴缸的邊緣太高不容易跨進去，太低又會導致浴缸底部與沖澡處的落差太大，反而增加危險性。如果預設會有高齡者或兒童使用浴缸，建議高度為 350～400mm〔參考 12 頁〕。

沖澡處輔助坐下站起的扶手，安裝於以坐姿將手臂直直往前伸的位置。請注意避免妨礙擺放臉盆的櫃台式層架與水龍頭。

浴缸內坐下站起用的扶手，如果設計成最高處距離浴缸底部 700～800mm 的 L 形，比較容易輔助施力。

⑤ 為了避免妨礙浴缸蓋的開關，橫扶手下端請距離浴缸邊緣 100mm 以上。

解說　布田健

浴室用品選擇
易乾的材質

浴室的收納最好能夠善用垂直方向的空間。詢問屋主習慣站著洗髮還是坐著洗髮，能夠成為設計收納高度時的參考。浴室用品不要直接放在地板上，請使用易乾的架子或掛勾。這麼一來既能維持沖洗處的寬敞，也能避免水垢。夫妻或親子使用不同沐浴用品的家庭也不少，最好為家庭成員準備各自的收納空間。浴缸蓋建議選用壁掛式，不僅節省空間也容易乾。

浴室用品與沖澡處的尺寸

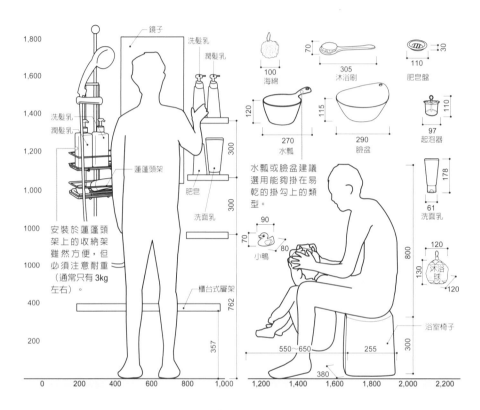

肥皂‧洗髮乳類的尺寸

以雙面膠或螺絲固定在牆壁上的給皂器不僅容易乾，視覺效果也清爽。

洗髮乳‧潤髮乳　補充包

挑選收納瓶罐類的架子時，排水性與防鏽性是重點。

鐵絲架(4層)

鐵絲架(2層)

其他浴室用品的尺寸

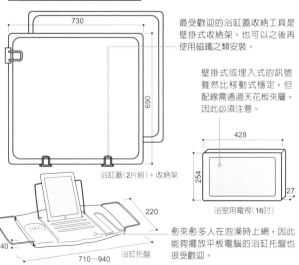

浴缸蓋(2片組)＋收納架

最受歡迎的浴缸蓋收納工具是壁掛式收納架。也可以之後再使用磁鐵之類安裝。

壁掛式或埋入式的訊號雖然比移動式穩定，但配線需通過天花板夾層，因此必須注意。

浴室用電視(16吋)

浴缸托盤

愈來愈多人在泡澡時上網，因此能夠擺放平板電腦的浴缸托盤也很受歡迎。

浴室附加設備
的尺寸

最近也有不少人希望在浴室裡安裝蒸氣三溫暖、頭頂花灑、影音設備等，將自家浴室打造成宛如飯店般的放鬆空間。各廠商也回應這樣的需求，提供各式各樣的設備。如果是對於浴室有特殊需求的屋主，請預設他們可能會使用這些附加設備。

附加設備必須注意配管・配線空間

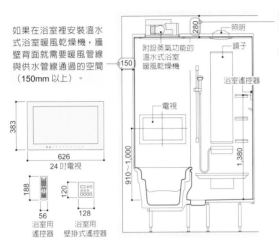

如果在浴室裡安裝溫水式浴室暖風乾燥機，牆壁背面就需要暖風管線與供水管線通過的空間（150mm 以上）。

照明

鏡子

附設蒸氣功能的溫水式浴室暖風乾燥機

浴室遙控器

電視

383
626
24 吋電視

910～1,000
1,380

188
56
浴室用遙控器

120
128
浴室用壁掛式遙控器

安裝附加設備時，必須確保容納各個設備所需的天花板夾層高度。如果安裝的是「SYNLA 系列」（TOTO），只要在整體衛浴的天花板夾層確保280mm 的空間，就能容納所有的附加設備。

「附設蒸氣功能的溫水式浴室暖風乾燥機」（TOTO）在使用蒸氣之後就能自動乾燥浴室，較不必擔心浴室長黴菌。浴室內看得見的面板部分，厚度控制在 22mm，而且設計簡潔，無損浴室的美觀。

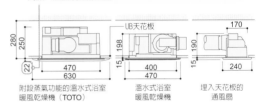

280
250
22
470
630
附設蒸氣功能的溫水式浴室暖風乾燥機（TOTO）

UB天花板
198
15
400
470
溫水式浴室暖風乾燥機

170
190
15
240
埋入天花板的通風扇

在容易搆到的高度清爽收納

▷ 在水龍頭上方安裝層架

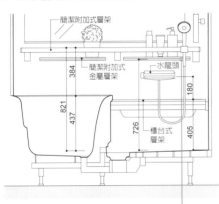

簡潔附加式層架

簡潔附加式金屬層架

水龍頭

384
821
437
726
180
405

櫃台式層架

「arise 系列」（驪住）的簡潔附加式金屬層架安裝於水龍頭上方，能夠在取放時不會帶給手臂與肩膀負荷的高度收納大量物品。

▷ 櫃台式層架周圍的收納

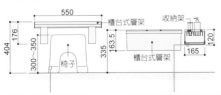

550
櫃台式層架
收納架

176
404
300～350
335
163.5
165
120

椅子
櫃台式層架

將沖澡用椅子收納在櫃台式層架下方的開放空間。

如果在櫃台式層架旁的安裝收納架，就能在坐著的狀態伸手拿取物品。

蓮蓬頭高度依使用方式而異

「SYNLA 系列」的整體衛浴（TOTO），可選購將天花板挑高至 2,300mm 的產品，適合使用頭頂花灑。

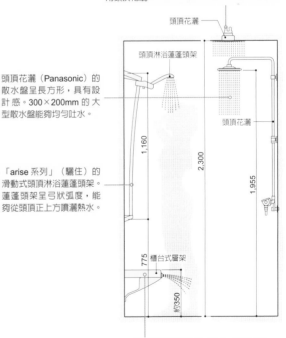

頭頂花灑

頭頂淋浴蓮蓬頭架

頭頂花灑（Panasonic）的散水盤呈方形，具有設計感。300×200mm 的大型散水盤能夠均勻吐水。

頭頂花灑

1,160
2,300
1,955

「arise 系列」（驪住）的滑動式頭頂淋浴蓮蓬頭架。蓮蓬頭架呈弓狀弧度，能夠從頭頂正上方噴灑熱水。

775
櫃台式層架
約350

「床夏蓮蓬頭」（Cleanup）能夠在入浴前噴射溫水，使浴室地板的溫度在 1 分鐘內上升至 20℃。不僅舒適，也能有效降低熱休克的風險。

將洗衣機後退，確保通道寬度

洗衣機後方的牆壁稍微後退以確保通道寬度。本案例的洗衣機後方是廁所，所以後退 375mm **A**

【寬】使用滾筒式洗衣機時，必須注意洗衣機的門有沒有妨礙到其他部分。門前保留約 450mm 的動作空間 **A**

背後附收納的鏡子會突出。如果水龍頭的位置在鏡面後方，洗臉時頭部可能會撞到鏡面，必須注意。使用襯條將水龍頭的位置往前推也是一個方法 **A**

設置視野良好的窗戶，或是通往戶外晾衣場的開口部，就能獲得視覺上的開闊感，比較不容易感覺狹窄。而且晾衣場如果就在盥洗室附近，動線上也方便 **A B C**

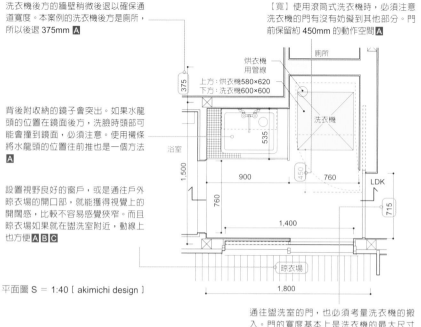

平面圖 S = 1:40〔akimichi design〕

通往盥洗室的門，也必須考量洗衣機的搬入。門的寬度基本上是洗衣機的最大尺寸 +15mm，但也必須考慮到可能會隨著家庭成員的變化換購更大的尺寸。

注意水龍頭＋插座的高度

照明盡可能配置於光線能夠從臉部的正面方向照射的位置 **A**

考量到在鏡子前方的動作、洗臉台下方的洗衣籃及垃圾桶等的收納空間，洗臉台的寬度基本上為 900mm **A**

盥洗室基本上與浴室相鄰。必須確保洗臉台、洗衣機、織品收納的空間。考量到毛巾折疊後的最小尺寸，織品收納空間必須確保 300mm 的深度 **F G H**

插座與水龍頭的高度也必須注意。水龍頭安裝在洗衣機本體 +100mm 的位置、插座安裝在 +200mm 的位置，就適用於幾乎所有的機種〔參考 77 頁〕

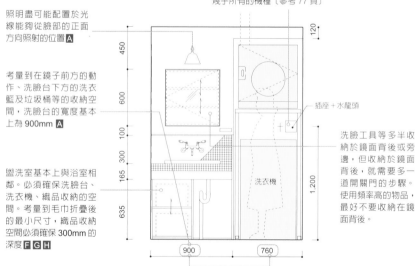

插座＋水龍頭

洗臉工具等多半收納於鏡面背後或旁邊，但收納於鏡面背後，就需要多一道開關門的步驟。使用頻率高的物品，最好不要收納在鏡面背後。

盥洗室的面積也必須考量洗衣機的安裝，因此至少也要確保 1 邊 1,500～1,800mm 的空間（大約 1 坪）**A D E**

展開圖 S = 1:40〔akimichi design〕

解說 **A** akimichi design、**B** NL Design 設計室、**C** 廣部剛司建築研究所、**D** 山崎壯一建築設計事務所、**E** DesignLife 設計室、**F** 前田工務店、**G** Ando Atelier **H** 若原工作室

盥洗室為了安裝洗臉台、洗衣機、收納（織品類），基本上必須確保約 1 坪的空間。近年來，愈來愈多人想要安裝 2 個洗臉台，或是為了省空間，希望將洗臉台安裝於廁所內等，因此最好能夠考量使用的方便性並謹慎評估。

POINT 01

考量其他多種用途

洗臉台的數量與用途，最好能夠有彈性地回應屋主的需求，譬如安裝 2 個以上的洗臉盆、設置寵物用的洗臉盆等。事先掌握洗手的動作與水龍頭的種類，就能帶來更好的設計。

洗臉盆周圍的動作與尺寸

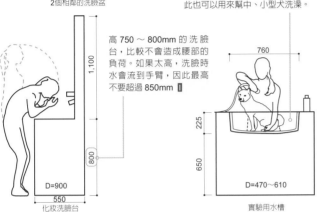

1,500
100 600 100 600 100
2個相鄰的洗臉盆

愈來愈多屋主希望安裝 2 個相鄰的洗臉盆，而考量到洗臉時的動作，洗臉台的寬度至少需要 1,200mm。分別安裝在不同的場所也是一個方法。

TOTO「SK-106」外觀簡潔很受歡迎。內部深度達到 200mm，因此也可以用來幫中、小型犬洗澡。

高 750 ～ 800mm 的洗臉台，比較不會造成腰部的負荷。如果太高，洗臉時水會流到手臂，因此最高不要超過 850mm 】

1,100
800
D=900
550
化妝洗臉台

760
225
650
D=470～610
實驗用水槽

洗臉台 + 水龍頭的尺寸

450
135 130
獨立式洗臉台

獨立式洗臉盆 [※] 有高度，因此計算洗臉台的高度時必須考慮這點 A

106
204
單把式水龍頭

單把式水龍頭相當普及。請設定不會在洗臉時造成妨礙的長度。

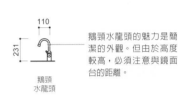

110
231
鵝頸水龍頭

鵝頸水龍頭的魅力是簡潔的外觀。但由於高度較高，必須注意與鏡面台的距離。

POINT 02

不要忘記
家電收納場所

刮鬍刀等洗臉用品在使用完之後必須用水沖洗。因此請準備使用後晾乾的空間。如果有空間能夠暫時放置使用時的家電用品會很方便。除此之外，也不要忘記確保插座空間。

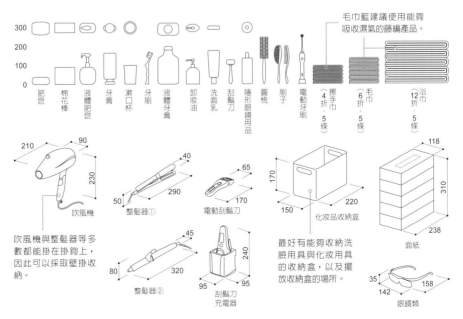

毛巾籃建議使用能夠吸收濕氣的藤編產品。

300 200 100 0
肥皂　棉花棒　液體肥皂　牙膏　漱口杯　牙刷　液體牙膏　卸妝油　洗面乳　刮鬍刀　隱形眼鏡用品　圓梳　刷子　電動牙刷　擦手巾（4折・5條）　毛巾（6折・5條）　浴巾（12折・5條）

210 90 230
吹風機

40 290 50
整髮器①

65 170
電動刮鬍刀

170 220 150
化妝品收納盒

118 310 238
面紙

吹風機與整髮器等多數都能掛在掛鉤上，因此可以採取壁掛收納。

45 320 80
整髮器②

240 95 95
刮鬍刀充電器

最好有能夠收納洗臉用具與化妝用具的收納盒，以及擺放收納盒的場所。

35 158 142
眼鏡類

解說　A木木設計室
※ 擺放在洗臉台上的洗臉盆。至於嵌入洗臉台的洗臉盆則稱為下嵌式洗臉盆。

盥洗室結合廁所
能節省空間

打造結合廁所的盥洗室，就能節省空間。當屋主希望設置多間廁所時，最好採取這樣的格局。如果設置盥洗室，也能同時處理採光與通風，但也不要忘記盥洗室與廁所各自需要的設備。

盥洗室＋廁所＋洗衣機為 1.5 坪

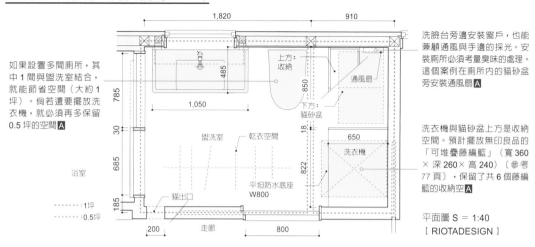

如果設置多間廁所，其中 1 間與盥洗室結合，就能節省空間（大約 1 坪）。倘若還要擺放洗衣機，就必須再多保留 0.5 坪的空間 A

洗臉台旁邊安裝窗戶，也能兼顧通風與手邊的採光。安裝廁所必須考量臭味的處理。這個案例在廁所內的貓砂盆旁安裝通風扇 A

洗衣機與貓砂盆上方是收納空間。預計擺放無印良品的「可堆疊藤編籃」（寬 360 × 深 260 × 高 240）〔參考 77 頁〕，保留了共 6 個藤編籃的收納空 A

平面圖 S = 1:40
[RIOTADESIGN]

使用廁所上方的可動式櫃台收納架確保作業空間

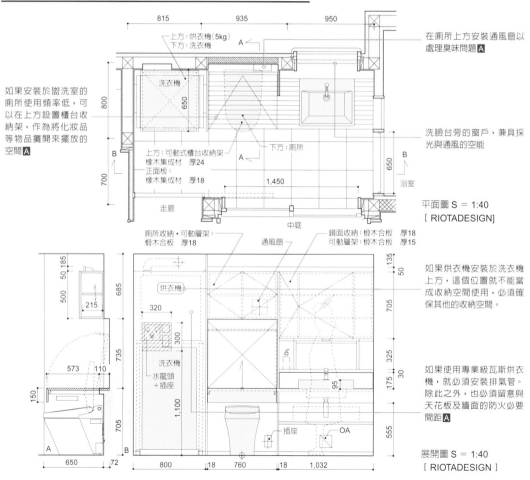

如果安裝於盥洗室的廁所使用頻率低，可以在上方設置櫃台收納架，作為將化妝品等物品攤開來擺放的空間 A

在廁所上方安裝通風扇以處理臭味問題 A

洗臉台旁的窗戶，兼具採光與通風的空能

平面圖 S = 1:40
[RIOTADESIGN]

如果烘衣機安裝於洗衣機上方，這個位置就不能當成收納空間使用，必須確保其他的收納空間。

如果使用專業級瓦斯烘衣機，就必須安裝排氣管。除此之外，也必須留意與天花板及牆面的防火必要間距 A

展開圖 S = 1:40
[RIOTADESIGN]

解說　A RIOTADESIGN

POINT 04

洗衣機須注意
給排水與插座位置

滾筒式洗衣機的尺寸比直立式洗衣機更大，重量也更重，因此必須考量搬入的路徑。水龍頭最好安裝在本體高度 +100mm 以上，插座最好安裝在 +200mm 以上的位置。直立式洗衣機以靜音性、省電性、省水性都表現優異的變頻式最為普及。洗臉台容易累積濕氣，因此洗衣籃請避免使用金屬等不耐水氣的材質。

滾筒式洗衣機

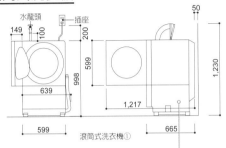

水龍頭　插座
149　100　200　50
998　599　1,230
639
1,217
599　665
滾筒式洗衣機①

Panasonic「NA-VG2200」的特色是沒有凹凸的平坦造形。採用「溫水泡泡洗淨 W」功能加熱洗潔劑，不僅更容易起泡，去汙效果也更好 🅰

水龍頭　插座
100　200　50
1,256
1,104　1,045
640　728
滾筒式洗衣機②

Sharp「ES-P110-S」的特徵是微細水滴（微高壓）的高度洗淨力。除此之外，靜音性也比其他機種更好 🅰

直立式洗衣機

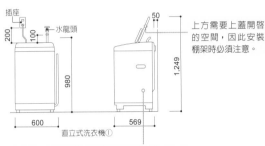

插座
200　100　水龍頭
980　50　1,249
600　569
直立式洗衣機①

上方需要上蓋開啟的空間，因此安裝棚架時必須注意。

東芝「AW-8D7」具備由非常小的泡泡（超微奈米泡泡）帶來的洗淨功能，因此洗淨力也高 🅰

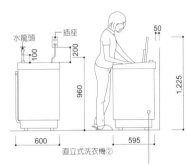

水龍頭　插座
100　200　50
960　1,225
600　595
直立式洗衣機②

Sharp「ES-GV8C」採用沒有孔穴的不鏽鋼槽，能夠防止黴菌侵入洗衣槽的內部，以乾淨的清水洗淨 🅰

防水底座・脫衣室用品

640
740〜800
排水口在正下方以外：為了讓排水管有通過的空間，使用較寬的防水底座。

640
640〜800
65　腳墊
排水口在正下方：使用有支架的防水底座，或使用腳墊。

240　360　260
160　120
360　260　360　260
毛巾用藍子（大・中・小）

350　450
洗衣袋

153
270　136
95
洗潔劑類

即使家庭成員人數少，也有不少家庭會準備多個脫衣籃，將內衣、外衣、毛巾分開。

460
720
360
脫衣籃②

近年來矽藻土踏腳墊很受歡迎。

500〜800　300〜500
踏腳墊

500〜600
洗衣藍

1,100
350　400
脫衣藍①

解說 🅰 BIC CAMERA

配置於樓梯下方的廁所方便進出

空間不到1坪。最好只設置1間。因此配置於從各個房間都方便進出的樓梯附近。這麼一來即使只設置1間，也不會感到不便 A

雖然也必須考量面積與方案，但2層樓建築考慮到半夜上廁所的方便性，最好將廁所配置於臥室所在的樓層。如果訪客多，也可以評估在客廳附近等公共空間再設置1間。 C

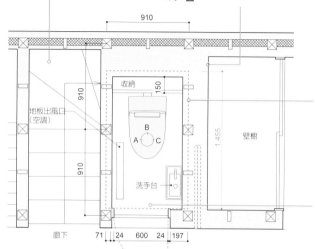

【寬】通常設置在樓梯下方，面積為910×1,455mm。如果是2層樓建築，可以在2個樓層都設置。基本上配置於容易使用，即使有水聲也不會造成困擾的位置 B

雖然很多屋主想在廁所安裝窗戶直接通風，但如果位於樓梯下方，考量到收納與窗戶的關係，有時也難以安裝 A D

平面圖 S = 1:40 [若原工作室]

將廁所打造成窄小沉穩的空間

【寬】由於希望將廁所打造成沉穩的空間，因此如果不考慮輪椅的使用，刻意不做得太寬敞，天花板高2,200mm，可以在上方設置櫃子 E

如果要安裝洗手台，面積大約半坪（910×1,820mm）就夠了 F

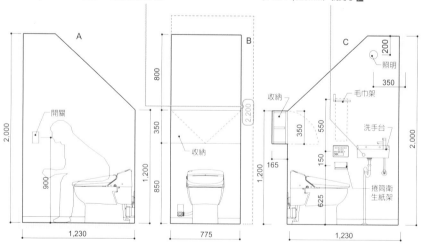

展開圖 S = 1:40 [若原工作室]

廁所是極為私密的空間，卻也是全家人共用的場所。最好考量面積與方案，選擇尺寸最適當的馬桶與洗手台。除此之外，廁所也需要捲筒衛生紙與生理用品等許多常備品，因此必須考量容易取放的收納。

解說 A 若原工作室、B Asunaro建築工房、C 木木設計室、D DesignLife設計室、E MOLX建築社 F 3110ARCHITECTS 一級建築士事務所

POINT 01

馬桶有無水箱的差別

沒有水箱的馬桶雖然設計性、清潔性較佳，但價格也比有水箱的高。洗手台必須另外安裝，因此管線也會增加。再者，有水箱的馬桶停電時較有利。

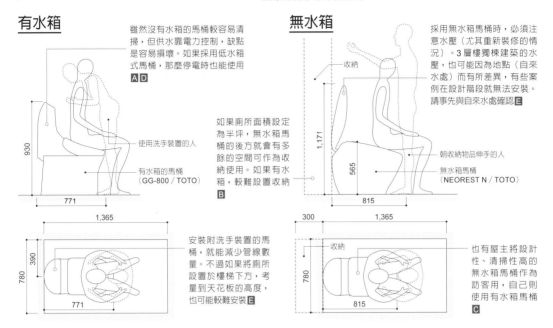

有水箱

雖然沒有水箱的馬桶較容易清掃，但供水靠電力控制，缺點是容易損壞。如果採用低水箱式馬桶，那麼停電時也能使用 **A** **D**

使用洗手裝置的人

有水箱的馬桶
（GG-800 / TOTO）

930

771

1,365

390

780

771

如果廁所面積設定為半坪，無水箱馬桶的後方就會有多餘的空間可作為收納使用。如果有水箱，較難設置收納 **B**

安裝附洗手裝置的馬桶，就能減少管線數量。不過如果將廁所設置於樓梯下方，考量到天花板的高度，也可能較難安裝 **E**

無水箱

採用無水箱馬桶時，必須注意水壓（尤其重新裝修的情況）。3層樓獨棟建築的水壓，也可能因為地點（自來水處）而有所差異，有些案例在設計階段就無法安裝。請事先與自來水處確認 **E**

收納

1,171

565

朝收納物品伸手的人

無水箱馬桶
（NEOREST N / TOTO）

815

300   1,365

收納

780

815

也有屋主將設計性、清掃性高的無水箱馬桶作為訪客用，自己則使用有水箱馬桶 **C**

POINT 02

洗手台設置於廁所外

洗手台是廁所必要的設備，但也有不少人安裝於廁所外。尤其空間小的廁所，考量到門的位置以及與動線之間的干擾，有時安裝於廁所外較為合理。

洗手台與廁所分開

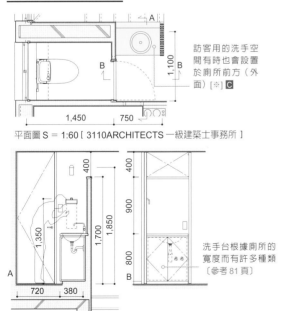

A

B

B

1,100

1,450   750

平面圖 S = 1:60 [3110ARCHITECTS 一級建築士事務所]

訪客用的洗手空間有時也會設置於廁所前方（外面）[※ **C**

400
400
900
1,850
1,700
1,350
800

A

B

720   380

展開圖 S = 1:60 [3110ARCHITECTS 一級建築士事務所]

洗手台根據廁所的寬度而有許多種類〔參考81頁〕

小而美的廁所

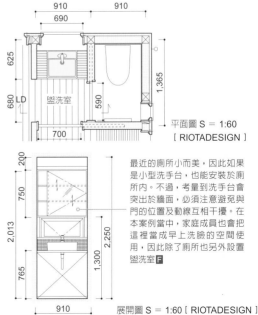

910   910

690

625

680

LD   盥洗室   590

1,365

700

平面圖 S = 1:60
[RIOTADESIGN]

200
750
2,013
765
2,250
1,300
910

展開圖 S = 1:60 [RIOTADESIGN]

最近的廁所小而美，因此如果是小型洗手台，也能安裝於廁所內。不過，考量到洗手台會突出於牆面，必須注意避免與門的位置及動線互相干擾。在本案例當中，家庭成員也會把這裡當成早上洗臉的空間使用，因此除了廁所也另外設置盥洗室 **F**

解說　**A** Asunaro 建築工房、**B** 木木設計室、**C** 3110ARCHITECTS 一級建築士事務所、**D** 前田工務店、**E** akimichi design、**F** RIOTADESIGN
※ 廚房、廁所等屬於私人空間，因此也有不少屋主不希望訪客進入。

如何打造 0.25 坪的廁所

根據最小的空間思考廁所尺寸的狀況出乎意料地多，譬如將傳統蹲式廁所改裝成坐式廁所的情況。本案例在牆壁的裝潢與馬桶的選擇花了不少心思，將廁所容納於 0.25 坪的空間中。窄小的廁所也能產生放鬆的效果。

最小尺寸為 910×910mm

牆心到牆心 910mm 的方形空間如果設置隱柱牆，內部尺寸就不到 800mm。為了盡量擴大空間，在外牆側採用外隔熱，並省去內部裝潢，讓柱子、間柱露出，以確保空間的寬敞。隔間牆採用 45mm 方形的結構材，將牆壁做得較薄 Ａ

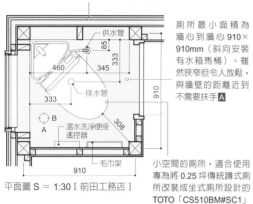

廁所最小面積為牆心到牆心 910×910mm（斜向安裝有水箱馬桶）。雖然狹窄但令人放鬆，與牆壁的距離近到不需要扶手 Ａ

平面圖 S = 1:30 [前田工務店]

小空間的廁所，適合使用專為將 0.25 坪傳統蹲式廁所改裝成坐式廁所設計的 TOTO「CS510BM#SC1」馬桶 Ａ

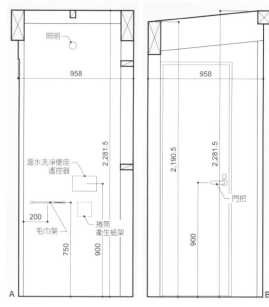

展開圖 S = 1:30 [前田工務店]

無障礙廁所的尺寸

方便所有人使用的廁所最好安裝扶手。輪椅使用者、高齡者、拐杖使用者在使用廁所時，扶手能夠發揮重要的作用。

無障礙廁所用的扶手 [※1] 與馬桶前的空間 [※2]

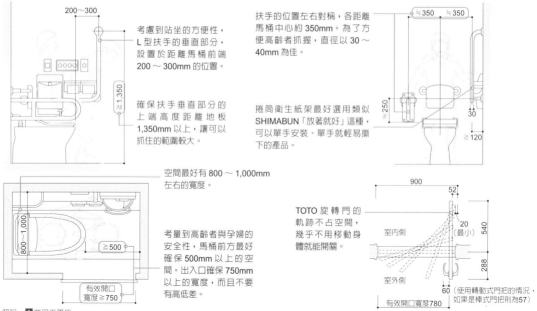

考慮到站坐的方便性，L 型扶手的垂直部分，設置於距離馬桶前端 200 ～ 300mm 的位置。

確保扶手垂直部分的上端高度距離地板 1,350mm 以上，讓可以抓住的範圍較大。

扶手的位置左右對稱，各距離馬桶中心約 350mm。為了方便高齡者抓握，直徑以 30 ～ 40mm 為佳。

捲筒衛生紙架最好選用類似 SHIMABUN「放著就好」這種，可以單手安裝、單手就輕易撕下的產品。

空間最好有 800 ～ 1,000mm 左右的寬度。

考量到高齡者與孕婦的安全性，馬桶前方最好確保 500mm 以上的空間。出入口確保 750mm 以上的寬度，而且不要有高低差。

TOTO 旋轉門的軌跡不占空間，幾乎不用移動身體就能開關。

解說 Ａ前田工務店
※1 參考 TOTO 無障礙手冊 [無障礙廁所篇]
※2 參考 TOTO 無障礙手冊 [居住篇]

POINT 05

每天一定要去的廁所，東西要好拿好用

廁所太大或太小都不好用。將捲筒衛生紙與衛生紙架等，收納於坐在馬桶上伸手就能拿取的範圍內就很方便。捲筒衛生紙的直徑約200mm，收納的深度可以參考這個尺寸。除此之外，有些屋主想在廁所內安裝洗手台，或是保留擺放寵物廁所的空間等，設計時也必須根據這些要求評估。

擺放在廁所的物品

如果在廁所擺放觀葉植物，就能呈現清爽感。體積小、具備耐陰性的植物較適合（譬如常春藤、黃金葛、虎尾蘭、吊蘭等）。

請避免使用木地板。為了防止髒污，以及地板與馬桶之間結露，最好採用聚氯乙烯材質。

如果櫃台式收納架兼具扶手功能，高度設定在750mm以上，就能有效輔助坐下、站起的動作。

根據JIS規格規定，衛生紙捲筒部分的直徑為120mm以下。存放的數量請事先詢問屋主。

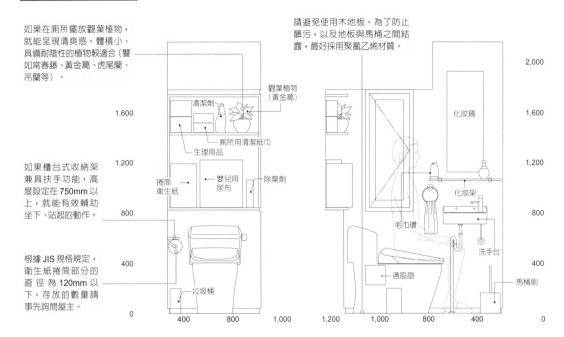

表　捲筒衛生紙等的尺寸（mm）

		寬	深	高
捲筒衛生紙	6捲入	220	110	345
	12捲入	220	220	345
生理用品		250	200	70
紙尿布	新生兒用	250	120	230
	嬰兒用 M	250	150	400
	L	250	180	400

洗手台的種類

組裝式

建議安裝於寬780mm以上、深1,235以上的廁所。

獨立式

建議安裝於寬910mm以上、深1,440以上的廁所。

嵌入式

需要嵌入牆面，因此牆壁需要95mm以上的開口。建議安裝於寬750mm以上的廁所。

貓砂盆

貓砂盆最好設置於人類的動線上。這麼一來，家庭成員不僅能夠在日常生活中確認貓咪是否在貓砂盆排泄，也能有效率地處理排泄物。

圓頂貓砂盆

開放式貓砂盆

為了讓貓咪在貓砂盆中能有轉一圈的空間，最好選擇邊長超過貓咪體長1.5倍的產品。

凝結型貓砂

犬用便盆

如果只使用寵物尿布墊，極有可能導致排泄物飛散。最好和便盆一起使用。

寵物尿布墊

尿布墊

廁所用垃圾桶

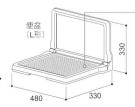

便盆（L形）

狗在小便時會抬起一隻腳，因此選用L形的折疊便盆，比較不容易弄髒牆壁。

臥室的基本面積為 3,158×2,730mm

即使將床鋪並排擺放，兩張床之間也最好有200mm的間距，以免棉被往其中一邊滑落 **A**

910mm 的模組不適合床鋪的尺寸。如果希望臥室面積不要太大，也必須思考家具配置，充分運用所有空間 **E**

【小】如果夫妻分房睡，每房約1.5坪（2,730×1,820）左右，可以設置書桌空間等，讓臥室有除了睡覺之外的附加用途 **G**

【小】如果使用睡墊〔參考65頁〕，2,730×2,730mm 的空間及可容納。臥室設置於較小的空間，但希望有壁櫥與步入式衣帽間等充實的收納 **F**

考量到鋪床等作業，床鋪周圍最好確保 450～500mm 的通道寬度 **A B**

【大】如果在臥室設置深700 的衣櫥，需要 3 坪（2,730×3,640mm）的面積 **C**

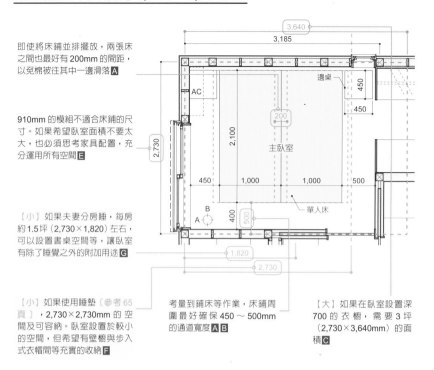

平面圖 S＝1:60 [Asunaro 建築工房]

不在臥室設置衣櫥

如果將電視安裝於牆壁上，必須花點心思避免配線外露〔參考 55 頁〕

臥室的照明最好較暗。雖然愈來愈多人使用 LED 照明，但 LED 的調光並不穩定，如果照明工具與調光器分別屬於不同的廠商，多半無法保證功能，因此必須注意 **D**

臥室不設置衣櫥，而是設置步入式衣帽間或家庭用衣帽間等，空間利用的效率較好 **H I**

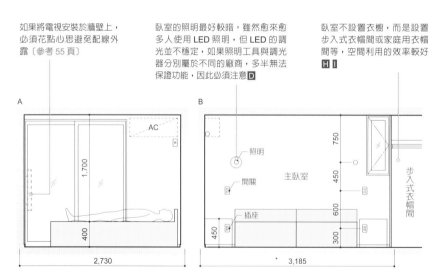

展開圖 S＝1:60 [Asunaro 建築工房]

解說 **A** Ando Atelier、**B** 3110ARCHITECTS 一級建築士事務所、**C** DesignLife 設計室、**D** 廣部剛司建築研究所、**E** akimichi design、**F** MOLX 建築社、**G** 木木設計室、**H** 前田工務店、**I** Asunaro 建築工房

臥室以 2 張單人床為基準思考

以前的臥室一般都放雙人床，但現在愈來愈多放 2 張單人床的案例。除此之外，也會安裝電視、擺放作業用的邊桌等。

臥室不再只是睡覺的場所，需要比過去更寬敞的空間。

POINT 01
床與放在臥室的物品尺寸

夫妻的臥室通常放 2 張單人床，但也有不少人放 1 張加大雙人床（queen size）。而臥室除了睡覺之外，也會用來看電視或讀書。觀看電視的最佳距離，是電視螢幕高度的 3 倍以上。

床鋪尺寸

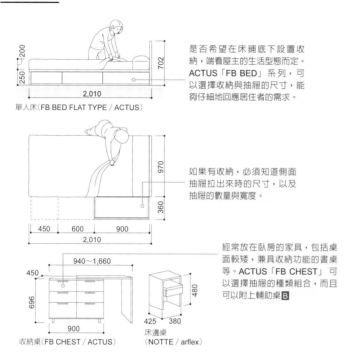

是否希望在床鋪底下設置收納，端看屋主的生活型態而定。ACTUS「FB BED」系列，可以選擇收納與抽屜的尺寸，能夠仔細地回應居住者的需求。

單人床（FB BED FLAT TYPE / ACTUS）

如果有收納，必須知道側面抽屜拉出來時的尺寸，以及抽屜的數量與寬度。

經常放在臥房的家具，包括桌面較矮，兼具收納功能的書桌等。ACTUS「FB CHEST」可以選擇抽屜的種類組合，而且可以附上輔助桌 B

收納桌（FB CHEST / ACTUS）

床邊桌（NOTTE / arflex）

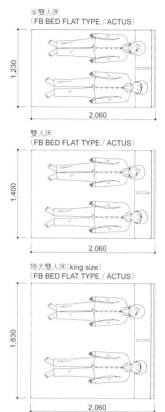

半雙人床（FB BED FLAT TYPE / ACTUS）

雙人床（FB BED FLAT TYPE / ACTUS）

特大雙人床（king size）（FB BED FLAT TYPE / ACTUS）

床與電視的關係

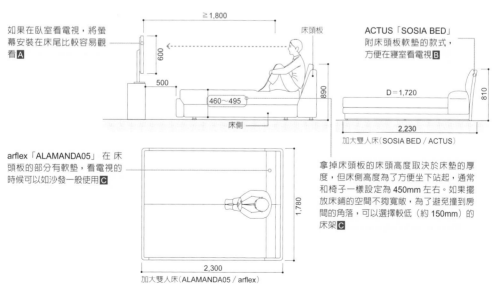

如果在臥室看電視，將螢幕安裝在床尾比較容易觀看 A

床頭板

ACTUS「SOSIA BED」附床頭板軟墊的款式，方便在寢室看電視 B

加大雙人床（SOSIA BED / ACTUS）

arflex「ALAMANDA05」在床頭板的部分有軟墊，看電視的時候可以如沙發一般使用 C

拿掉床頭板的床頭高度取決於床墊的厚度，但床側高度為了方便坐下站起，通常和椅子一樣設定為 450mm 左右。如果擺放床鋪的空間不夠寬敞，為了避免撞到房間的角落，可以選擇較低（約 150mm）的床架 C

加大雙人床（ALAMANDA05 / arflex）

解說　A 前田工務店、B ACTUS、C arflex

思考收納與取放的方便性

【標準】標準的步入式衣帽間約 1 ～ 1.5 坪。季節性衣物、行李箱、寢具睡墊等要全部收納在一處，還是要設置壁櫥、閣樓、倉庫分別收納，將會改變衣帽間的尺寸 A

如果收納的深度為 600mm，最好確保每個人都有寬度大約相當於雙手張開的收納空間。實際來看，寬 2,700mm 左右就足以收納 4 人家庭的衣物 B

通道寬度雖然取決於門板的有無與收納的物品，但只要有 600mm 的寬度，就足以應付挑選衣服、整理等在衣櫃進行的所有動作 C

【小】3 面收納時，由於可收納的寬度變大，深度也可以考慮減少至 455mm 左右 D

平面圖 S = 1:50

【大】收納某些物品時，也有安裝門板的需求。如果安裝門板，就需要 650mm 的深度。

【標準】收納基本上深 550 ～ 600mm，並使用衣架吊掛衣服。有這樣的深度，就足以設置、使用多數的抽屜式收納箱〔參考 86 頁〕

人容易取放物品的高度

如果是雙面收納的步入式衣帽間，其中一面設置單層掛衣桿，就能確保吊掛長大衣與洋裝的高度。而另一面設置雙層掛衣桿，就能充分確保吊掛夾克與對折牛仔褲等衣物的收納空間〔參考 87 頁〕E

考量到人不需要站在矮凳上就能取放物品的高度，掛衣桿與抽屜收納的高度基本上不要大於 1,800mm。並於上方設置頂櫃，用來收納使用頻率低的物品。

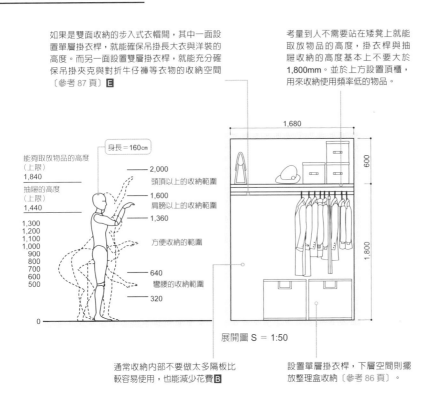

能夠取放物品的高度（上限）1,840
抽屜的高度（上限）1,440
1,300
1,200
1,100
1,000
900
800
700
600
500
0

身長＝160cm
2,000 頭頂以上的收納範圍
1,600 肩膀以上的收納範圍
1,360
方便收納的範圍
640 彎腰的收納範圍
320

1,680
600
1,800

展開圖 S = 1:50

通常收納內部不要做太多隔板比較容易使用，也能減少花費 B

設置單層掛衣桿，下層空間則擺放整理盒收納〔參考 86 頁〕。

最近的衣服多半採用立體剪裁縫製，採用吊掛收納比摺疊收納更方便。由於這樣的變化，考量衣櫃的尺寸時也以吊掛收納為主。首先根據衣架與衣服的種類思考深度，再根據取出的方便性考慮高度，依此掌握吊掛收納必要的尺寸。

POINT 01

通過式衣帽間帶來可變性

考量衣櫥內的動線，決定收納的物品與場所。這時可以先決定季節性衣物與大型物品的收納場所並做裝潢好收納空間，也可以保留比較大的空間自由度，因此請事先與屋主討論。

可改變配置的通過式衣帽間

收納之間的通道只要保留 650mm 的寬度，即使擺放現成的抽屜收納也能方便使用。

收納設置距離地板高 1,800mm 的掛衣桿（Φ32），以及高 1,900mm 的頂櫃，就能確保充分的自由收納空間 **C**

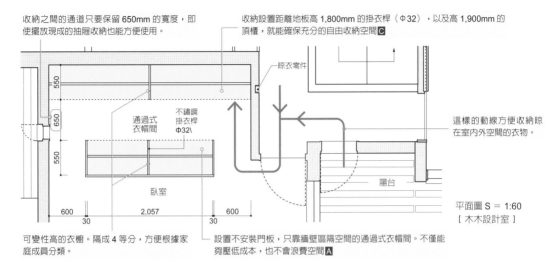

晾衣零件

通過式衣帽間

不鏽鋼掛衣桿 Φ32\

臥室

陽台

這樣的動線方便收納晾在室內外空間的衣物。

平面圖 S ＝ 1:60
[木木設計室]

可變性高的衣櫥。隔成 4 等分，方便根據家庭成員分類。

設置不安裝門板，只靠牆壁區隔空間的通過式衣帽間。不僅能夠壓低成本，也不會浪費空間 **A**

決定用途之後，事先做好的通過式衣帽間

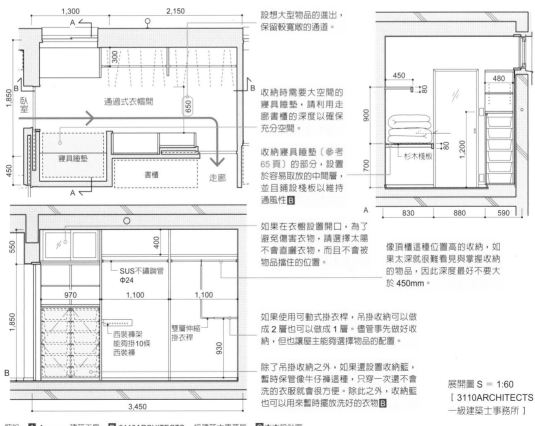

設想大型物品的進出，保留較寬敞的通道。

臥室

通過式衣帽間

寢具睡墊

書櫃

走廊

收納時需要大空間的寢具睡墊，請利用走廊書櫃的深度以確保充分空間。

收納寢具睡墊〔參考 65 頁〕的部分，設置於容易取放的中間層，並且鋪設棧板以維持通風性 **B**

杉木棧板

像頂櫃這種位置高的收納，如果太深就很難看見與掌握收納的物品，因此深度最好不要大於 450mm。

如果在衣櫥設置開口，為了避免傷害衣物，請選擇太陽不會直曬衣物，而且不會被物品擋住的位置。

SUS不鏽鋼管 Φ24

西裝褲架能夠掛10條西裝褲

雙層伸縮掛衣桿

如果使用可動式掛衣桿，吊掛收納可以做成 2 層也可以做成 1 層。儘管事先做好收納，但也讓屋主能夠選擇物品的配置。

除了吊掛收納之外，如果還設置收納籃，暫時保管像牛仔褲這種，只穿一次還不會洗的衣服就會很方便。除此之外，收納籃也可以用來暫時擺放洗好的衣物 **B**

展開圖 S ＝ 1:60
[3110ARCHITECTS
一級建築士事務所]

解說 **A** Asunaro 建築工房、**B** 3110ARCHITECTS 一級建築士事務所、**C** 木木設計室

掌握衣物收納箱與衣櫃的尺寸

衣櫃內部的抽屜,有時也會使用現成的收納箱代替。這裡將介紹無印良品與 IRIS OHYAMA 的產品尺寸。至於屋主原有的抽屜櫃可能與裝潢調性不符,因此也經常會收進衣帽間裡。請事先掌握屋主是否有原本的家具,以及這些家具的尺寸。

無印良品與 IRIS OHYAMA 的收納箱

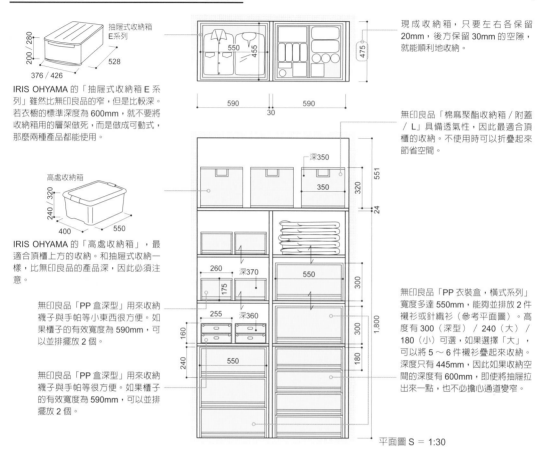

抽屜式收納箱 E 系列

IRIS OHYAMA 的「抽屜式收納箱 E 系列」雖然比無印良品的窄,但是比較深。若衣櫥的標準深度為 600mm,就不要將收納箱用的層架做死,而是做成可動式,那麼兩種產品都能使用。

高處收納箱

IRIS OHYAMA 的「高處收納箱」,最適合頂櫃上方的收納。和抽屜式收納一樣,比無印良品的產品深,因此必須注意。

無印良品「PP 盒深型」用來收納襪子與手帕等小東西很方便。如果櫃子的有效寬度為 590mm,可以並排擺放 2 個。

無印良品「PP 盒深型」用來收納襪子與手帕等很方便。如果櫃子的有效寬度為 590mm,可以並排擺放 2 個。

現成收納箱,只要左右各保留 20mm,後方保留 30mm 的空隙,就能順利地收納。

無印良品「棉麻聚酯收納箱/附蓋/L」具備透氣性,因此最適合頂櫃的收納。不使用時可以折疊起來節省空間。

無印良品「PP 衣裝盒,橫式系列」寬度多達 550mm,能夠並排放 2 件襯衫或針織衫(參考平面圖)。高度有 300(深型)/ 240(大)/ 180(小)可選,如果選擇「大」,可以將 5～6 件襯衫疊起來收納。深度只有 445mm,因此如果收納空間的深度有 600mm,即使將抽屜拉出來一點,也不必擔心通道變窄。

平面圖 S = 1:30

收進步入式衣帽間的原有家具

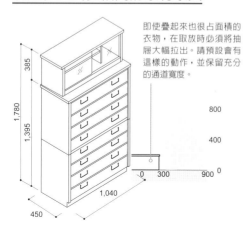

即使疊起來也很占面積的衣物,在取放時必須將抽屜大幅拉出。請預設會有這樣的動作,並保留充分的通道寬度。

使用有門的抽屜櫃時,考量開關門必要的空間,請確保開關必要的空間 + 200mm 的通道寬度。

一眼就能掌握衣物與小東西的高度與必需尺寸

鋁製或 PVC 浸膠衣架的厚度約 10mm。若是肩膀部分有厚度的衣架,光是衣架的厚度就達到 40 ～ 60mm。吊掛外套後,請預設厚度會達到 60 ～ 80mm。除此之外,衣櫃內也需要抽屜,以便收納小東西與針織衫、T 恤等折疊收納的衣物。每一層的寬度與深度如果都一致,收納時就不會浪費空間。

收納於衣櫥內部的物品

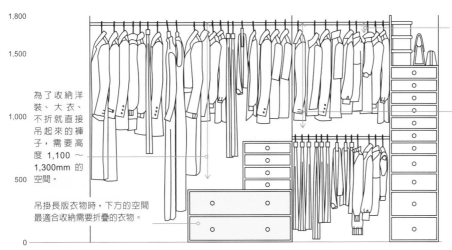

吊掛時必要的高度,除了洋裝的高度之外,還必須考慮衣架掛鉤的高度(約 100mm)。

為了收納洋裝、大衣、不折就直接吊起來的褲子,需要高度 1,100 ～ 1,300mm 的空間。

襯衫、對折的長褲、女性外套約需要 700 ～ 800mm,短版洋裝、男用外套約需要 900 ～ 1,000mm 的高度。

吊掛長版衣物時,下方的空間最適合收納需要折疊的衣物。

帽子與包包為了避免在收納時變形,可以直接放在層架上。高度只要有 450mm 就夠了。

即使將男用外套收納於有門的櫃子,深度也只要有 600mm 就已足夠。這是考量最大尺寸的情況。如果在沒有門的櫃子收納女裝,那麼深 450mm 就夠了。

飾品、襪子、皮帶、太陽眼鏡等小東西則收納在抽屜裡。飾品容易取放的高度為距離地板 1,000 ～ 1,100mm

表　收納小東西必要的深度

收納的物品	必要深度(mm)
皮帶(捲起來橫放)	100 ～ 120
飾品	30
太陽眼鏡	60 ～ 80
手帕、襪子,皮帶(捲起來直放)	約 130
薄針織衫、T 恤(1 件)	約 195
厚針織衫(1 件)	約 350

閣樓的基本高度

【標準】建議將閣樓設置在天花板高約 3,800mm（閣樓下方的天花板高 2,100mm＋閣樓的地板夾層 250mm＋閣樓樓高 1,400mm）的部分。

【標準】如果天花板平坦，只有將設置閣樓的房間天花板挑高，容易破壞與其他房間的平衡感。因此如果打算設置閣樓，請選擇傾斜天花板，並考量整體天花板的高度平衡。

【低】如果將閣樓作為收納使用，至少也要確保 1,000mm 的天花板高度。

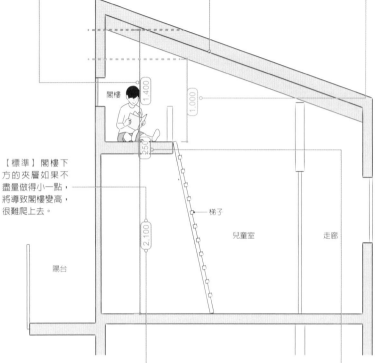

閣樓

1,400

1,000

250

2,100

梯子

陽台

兒童室

走廊

【標準】閣樓下方的夾層如果不盡量做得小一點，將導致閣樓變高，很難爬上去。

【標準】如果上下閣樓很辛苦，難得打造出來的空間也會被浪費。因此最好將閣樓做在較低的位置，但閣樓下方的天花板必須確保 2,100mm 的高度，因此如果設置閣樓，請將其下方的高度剛好設定為 2,100mm。

【標準】如果將閣樓作為臥室使用，請在柱間保留能夠搬入床鋪的寬度（2,275mm），樑厚設定為 180〜210mm。

爬上閣樓的梯子或樓梯的尺寸

143

250

閣樓

90

2,143

60

250

400

梯子的階數增加會變重，移動梯子將變得很辛苦。因此階數必須盡量減少，並將階高設定為 250mm 左右。

為了確保搬入物品時的安全性，級高設定為 200mm，使坡度較為平緩。

根據日本建築基準法，閣樓的樓梯基本上不可固定，請做成可以移動的形式。

225

200

2,400

解說　井上久實設計室

閣樓能夠有效利用房屋的上部空間，但另一方面，如果沒做好，就會變成閒置空間。在此將解說方便使用的閣樓設置方式及適當的高度。此外，爬上閣樓的梯子或樓梯，直接關係到使用閣樓的方便性，因此掌握建議尺寸，有助於設計便於使用的閣樓。

POINT 01

床頭的天花板高至少 1,200mm

有時因為斜線限制嚴格，或是想把閣樓當成臥室使用等，也可能無法保證牆邊的天花板能有 2,100mm 的高度。遇到這種情況時，只要能夠確保床頭的天花板高度達到 1,200mm，就不會在起床時造成妨礙。如果是傾斜天花板，視線自然會往上延伸，因此也不會感覺侷促。

為了避免在起床時造成妨礙，必須確保從床鋪上方到天花板至少有 700mm 左右的高度，因此選擇較矮的床（高 400mm）。

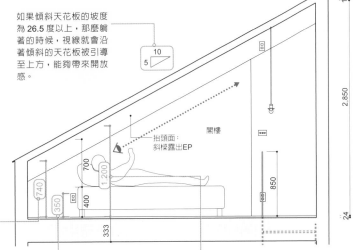

如果傾斜天花板的坡度為 26.5 度以上，那麼躺著的時候，視線就會沿著傾斜的天花板被引導至上方，能夠帶來開放感。

抬頭面：斜樑露出EP

閣樓

如果有 740mm，就能擺放較矮的邊桌（高 400mm）。

考量到可能會躺著操作手機等裝置，將床頭擺在靠牆這邊，比較容易確保電源。從地板到插座上方的高度如果太低，容易累積灰塵，太高又會從床上看到，因此以 350mm 左右為佳。

如果將臥室設在閣樓等無法確保天花板高度的情況，請採用傾斜天花板，確保躺著的時候，頭部所在位置的天花板能有 1,200mm 的高度。這麼一來就不會覺得侷促。

截面圖 [S = 1:50]

POINT 02

床鋪上方至少距離天花板 800mm

如果在臥室設置高架床 [※]，必須注意天花板的高度，否則在床鋪上時就會覺得侷促。倘若床鋪上方距離天花板至少 800mm 左右，就能趴跪在床鋪上移動。不過，空間的寬敞程度大幅受到屋主的體格與感受影響，透過事前實際呈現空間等方式，讓屋主了解使用感覺非常重要。

不鋪設天花板，將高架床容納於樑與樑之間（厚 210mm），就能確保床鋪上方到天花板面的高度。

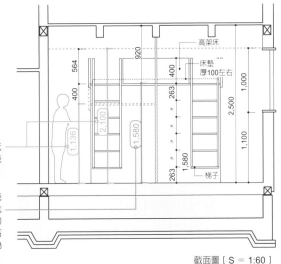

高架床

床墊厚100左右

梯子

【低】若天花板高 2,100mm，必須將床鋪的高度設定得較低（下方收納高 700 ~ 900mm）。雖然收納量減少，但不僅能夠消除高架床的壓迫感，孩子也能輕鬆地爬上爬下。

【標準】如果將床鋪做得較高，雖然能夠確保下方收納空間能夠收納較多的物品，但不僅上下床變得困難，也有掉下來的危險，因此不是做高就好。必要的收納量雖然也取決於屋主的感覺，但最多也不要超過 1,600mm。本案例為了在天花板高 2,500mm（樑上）的空間容納高架床，下方收納的高度設定為 1,500mm 左右。

截面圖 [S = 1:60]

上 「HSK」 設計：no.555，照片：鈴木龍馬｜下 「楓之屋」 設計：島田設計室，照片：島田貴史
※ 床鋪下方可作為收納或書桌等自由空間使用的類型，能夠有效運用狹小空間。

單人用兒童室的最小尺寸

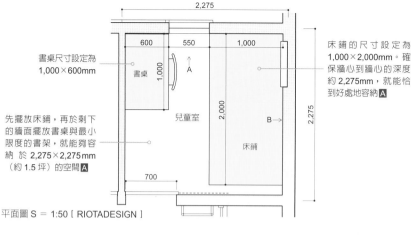

書桌尺寸設定為
1,000×600mm

先擺放床鋪，再於剩下
的牆面擺放書桌與最小
限度的書架，就能夠容
納於 2,275×2,275mm
（約 1.5 坪）的空間 A

床鋪的尺寸設定為
1,000×2,000mm。確
保牆心到牆心的深度
約 2,275mm，就能恰
到好處地容納 A

平面圖 S ＝ 1:50 [RIOTADESIGN]

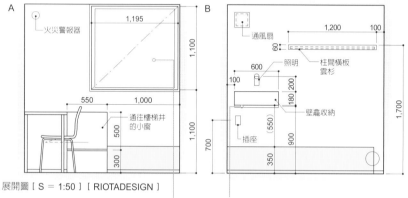

展開圖 [S ＝ 1:50] [RIOTADESIGN]

因為沒有衣櫥，為了設置收納櫃（設
定深度 260× 寬度 860mm），可以
將開口部設為 1 個，並且縮小尺寸，
增加牆壁的面積。

床頭周圍設置插座與壁龕收納就會很方
便。而插座除了這個位置之外，事先設置
於準備擺放書桌的位置，或是考量到可能
會改變配置而設置於 4 個角落就很體貼 A

雙人用兒童室

考量到不久之後將設置隔間牆，
事先準備 2 個入口 B

平面圖 [S ＝ 1:100]
[木木設計室]

如果隔成 2 房，隔間可使用非承重牆。
孩子離家獨立之後，可將隔間撤除，當
成 1 個房間使用 B

解說　A RIOTADESIGN 、B 木木設計室

從家具的尺寸思考
兒童室需要的尺寸

兒童室可以根據物品的配置決定尺寸。除了床鋪與書桌等必
要的家具之外，請事先詢問屋主準備擺放在兒童室的物品。

如果兒童室的空間小，可以再另外設置遊戲區，倘若孩子有
兄弟姊妹，可以隨著孩子的成長將空間區隔開來，讓兒童室
變成有彈性的居住空間也很重要。

POINT 01

掌握從兒童到成人都能使用的尺寸

如果兒童室的空間小，建議選用將床鋪、書桌、收納以垂直方向堆疊的高架床。如果將床鋪下方設為讀書空間，那麼為了讓孩子能夠站著走進床鋪下方，從地板到床鋪大約需要 1,600mm 的高度。書桌最好假設孩子離家獨立之後，可以留給父母使用。椅子則以能夠配合成長改變高度的款式為主流。

兼具收納功能的床鋪

ACTUS「TEMPO」系列的床鋪，可以在側面安裝壁架。這麼一來既不需要增加擺放的家具，也能確保收納場所 A

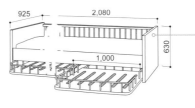

「TEMPO SINGLE BED」在孩子的人數增加時，可以在上面再疊一層，作為上下鋪使用 A

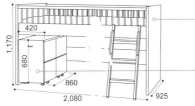

ACTUS「TEMPO HI BED」可以選擇床墊安裝的高度 A

雖然有些公寓會附設事先做好的衣櫃，但收納量多半不夠。擺放附輪子的收納就會很方便。

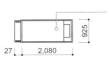

兒童用的床鋪、床墊規格基本上與成人用的相同，所以尺寸也一樣。

如果兒童室的空間寬裕，可以在高架床底下再放一張單人床，配置成 L 型，比較方便兄弟姊妹聊天。

日後可以使用於客廳的書桌周邊

ACTUS「SARCLE CHEST」 這種兼具收納功能的長椅，可當成家庭成員或朋友坐下的空間 A

像 ACTUS「SARCLE DESK」這種非對稱，其中一部分突出的書桌，方便父母或家教坐在桌邊教孩子功課 A

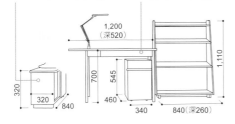

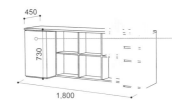

ACTUS「MEZZO2 DESKSET1」深度較淺，放在客廳也不會造成妨礙。

從兒童到成人都能使用的椅子

ACTUS「THEO CHAIR」能夠自然保持前傾姿勢，讀書也容易專注 A

「TRIPP TRAPP CHAIR」可調節座位與放腳的位置。幼兒期可當成餐椅，學齡期則可當成書桌椅使用。

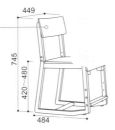

選擇 ACTUS「SARCLE CHAIR」這種，可以將書包掛在椅背上的椅子，能夠幫助節省空間 A

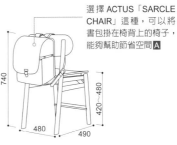

解說 A ACTUS

小巧的兒童室
需要靈活運用垂直空間

為了將兒童室需要的床鋪、書桌、收納等全部容納在小空間裡，需要在垂直方向花點巧思，譬如使用高架床。如果有 2 名以上的孩子，也請掌握上下鋪必要的尺寸。

擺放上下鋪的兒童室

至少需要 840mm 的高度，才能讓人彎腰鑽進床鋪的出入口以及取放床墊等。如果有多餘的空間，就能將高度設定為 900 ～ 1,000mm。**A**

床墊以宜得利的產品為基準（單人床墊等），預設長 1,960× 寬 970× 厚 100 ～ 200mm。只要確保寬 1,000× 長 2,000 的有效尺寸，大部分的床墊都放得進去**A**

床鋪、書桌、收納的尺寸全部相同，就能避免 2 個孩子吵架。**A**

2 張書桌之間設置拉出式隔間板。即使 2 人的房間，也能遮擋彼此的視線，專注於學習**A**

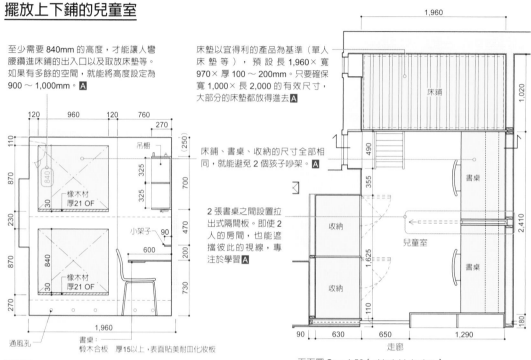

展開圖 S = 1:50 [akimichi design]

平面圖 S = 1:50 [akimichi design]

有高架床的兒童室

兒童室的出入口不安裝門板，而是設置如茶室入口般的矮門（1,350mm），這麼一來既能遮蔽視線，也能從外面知道兒童室的動靜**B**

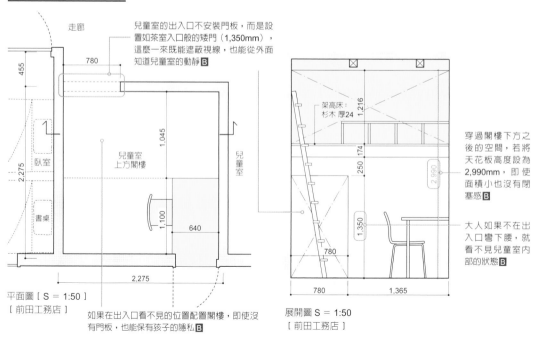

穿過閣樓下方之後的空間，若將天花板高度設為 2,990mm，即使面積小也沒有閉塞感**B**

大人如果不在出入口彎下腰，就看不見兒童室內部的狀態**B**

平面圖 [S = 1:50]
[前田工務店]

如果在出入口看不見的位置配置閣樓，即使沒有門板，也能保有孩子的隱私**B**

展開圖 S = 1:50
[前田工務店]

解說 **A** akimichi design、**B** 前田工務店

掌握兒童容易使用的尺寸與物品的尺寸

櫃子容易使用的高度,與使用者的身高有關。如果能夠掌握各動作必要的尺寸,那麼即使不設置專用的房間,也能在客廳、餐廳或走廊的一部分,為孩子保留充分的空間。

孩子的身高容易使用的高度

這裡呈現的是身高 130cm 的孩子容易使用的高度。隨著孩子的成長,對於住宅的要求也會有顯著的改變〔參考 14 頁〕。

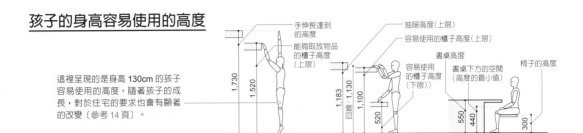

手伸長達到的高度
能夠取放物品的櫃子高度(上限)
抽屜高度(上限)
容易使用的櫃子高度(上限)
書桌高度
書桌下方的空間(高度的最小值)
椅子的高度
容易使用的櫃子高度(下限)
目線
1,730 / 1,520 / 1,183 / 1,130 / 1,100 / 520 / 550 / 440 / 300

孩子的生活姿勢與空間

表　各年齡的身高平均值

年齡（歲）	身高（mm）		年齡（歲）	身高（mm）	
	男	女		男	女
6	1,148	1,166	11	1,447	1,460
7	1,232	1,216	12	1,508	1,511
8	1,282	1,261	13	1,603	1,541
9	1,337	1,344	14	1,643	1,568
10	1,383	1,398	15	1,686	1,568

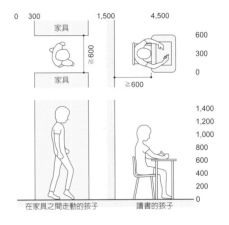

0　300　　　1,500　　4,500
家具　≧600　家具　≧600
600 / 300 / 0
1,400 / 1,200 / 1,000 / 800 / 600 / 400 / 200 / 0
在家具之間走動的孩子　　讀書的孩子

兒童室收納的物品

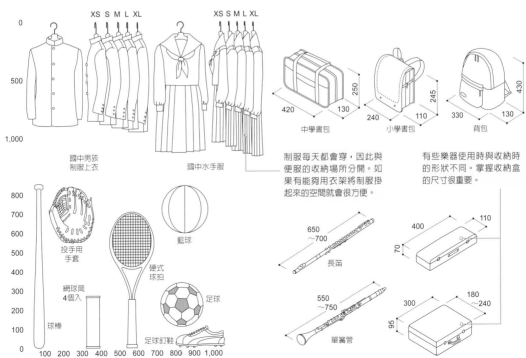

0 / 500 / 1,000

XS S M L XL　　　XS S M L XL

國中男孩制服上衣　　國中水手服

中學書包　420 / 250 / 130
小學書包　240 / 245 / 110
背包　330 / 430 / 130

制服每天都會穿,因此與便服的收納場所分開。如果有能夠用衣架將制服掛起來的空間就會很方便。

有些樂器使用時與收納時的形狀不同。掌握收納盒的尺寸很重要。

800 / 700 / 600 / 500 / 400 / 300 / 200 / 100 / 0

投手用手套
藍球
網球筒 4個入
硬式球拍
球棒
足球
足球釘鞋
100 200 300 400 500 600 700 800 900 1,000

長笛　650～700
單簧管　550～750
400 / 110 / 70
300 / 180～240 / 95

書房的尺寸為書本的量＋書桌

先決定收納的物品
再裝潢書房

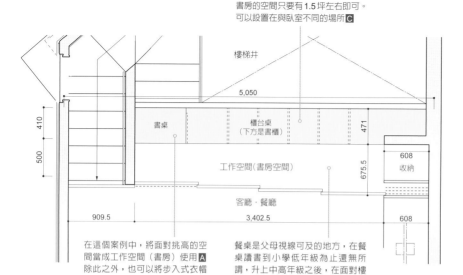

書房的空間只要有 1.5 坪左右即可。
可以設置在與臥室不同的場所 C

樓梯井

5,050

410

500

書桌

櫃台桌
（下方是書櫃）

471

608
收納

工作空間（書房空間）

675.5

客廳・餐廳

909.5

3,402.5

608

在這個案例中，將面對挑高的空
間當成工作空間（書房）使用 A
除此之外，也可以將步入式衣帽
間的一部分打造成書房 B

餐桌是父母視線可及的地方，在餐
桌讀書到小學低年級為止還無所
謂，升上中高年級之後，在面對樓
梯井的地方設置讀書空間，就能夠
與父母保持恰到好處的距離 B

平面圖 S＝1:50 [DesignLife 設計室]

書櫃的高度，比書櫃背面的護牆板（900mm）
低 100mm。不用擔心放在書櫃上的物品掉進
樓梯井。

為了避免層板彎曲，以
間隔約 400mm 的寬度均
等設置豎板。

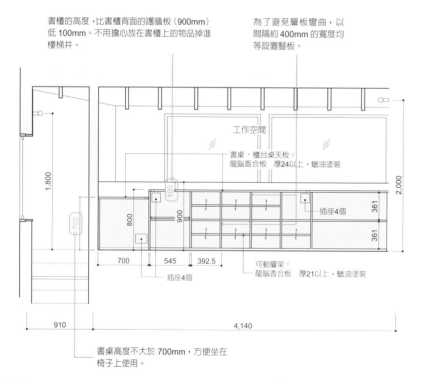

工作空間

書桌・櫃台桌天板：
龍腦香合板　厚24以上，蠟油塗裝

1,800

2,000

插座4個

800

100

900

361

361

可動層架：
龍腦香合板　厚21以上，蠟油塗裝

700

545

392.5

插座4個

910

4,140

書桌高度不大於 700mm，方便坐在
椅子上使用。

展開圖 S＝1:50 [DesignLife 設計室]

書房與愛好室不同，不一定需要獨立的封閉空間。只要設置書桌與書櫃，就是不折不扣的書房。書房的收納量與書桌寬度等，取決於其用途。也可以在衣帽間或走廊等具有其他用途的空間，安裝收納櫃與書桌，使其兼具書房的功能。

解說　A DesignLife 設計室、B Asunaro 建築工房、C 山崎壯一建築設計事務所

POINT 01

如果能收納得美觀，
就可以把書本看成家飾

如果以裝潢的方式設置大型書櫃，可能會有太深或太高的問題，大幅浪費收納空間。保留書的尺寸 + 10mm 左右的空間，盡可能設置更多層板。此外也必須確認屋主擁有的書籍尺寸。如果難以想像書的大小，那麼在牆上安裝豎軌，以可動式托臂支撐層板也是有效的方法。

考量書本尺寸，將整面牆壁設為書櫃

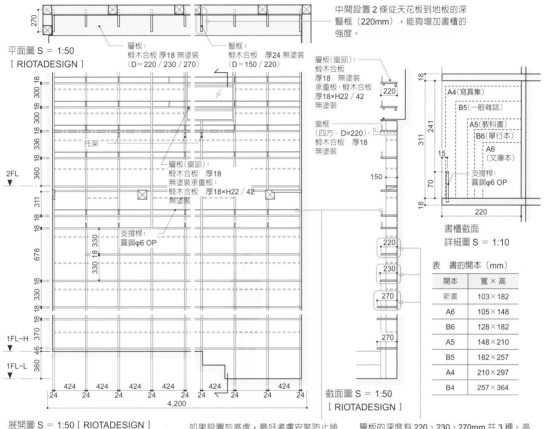

中間設置 2 條從天花板到地板的深豎框（220mm），能夠增加書櫃的強度。

平面圖 S = 1:50
[RIOTADESIGN]

層板：
椴木合板 厚18 無塗裝
（D=220／230／270）

豎框：
椴木合板 厚24 無塗裝
（D=150／220）

層板（窗部）：
椴木合板
厚18 無塗裝
承重板：椴木合板
厚18×H22／42
無塗裝

窗框
（四方‧D=220）：
椴木合板 厚18
無塗裝

托架

層板（窗部）：
椴木合板 厚18
無塗裝承重板：
椴木合板 厚18×H22／42
無塗裝

支撐桿：
圓鋼φ6 OP

2FL

1FL-H

1FL-L

展開圖 S = 1:50 [RIOTADESIGN]

如果設置於高處，最好考慮安裝防止掉落的支撐桿 A

截面圖 S = 1:50
[RIOTADESIGN]

A4（寫真集）
B5（一般雜誌）
A5（教科書）
B6（單行本）
A6（文庫本）

支撐桿：
圓鋼φ6 OP

書櫃截面
詳細圖 S = 1:10

表　書的開本（mm）

開本	寬×高
新書	103×182
A6	105×148
B6	128×182
A5	148×210
B5	182×257
A4	210×297
B4	257×364

層板的深度有 220、230、270mm 共 3 種。高度全部 311mm 以上，因此如果書本的尺寸為 B5 以下，全部的書架都能收納。

站在走廊上使用的書櫃

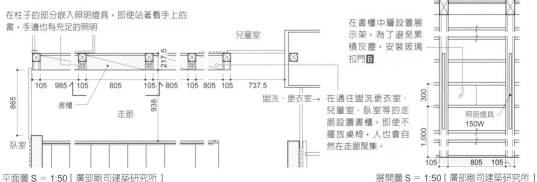

在柱子的部分嵌入照明燈具，即使站著看手上的書，手邊也有充足的照明

兒童室

書櫃

走廊

臥室

盥洗‧更衣室→

在通往盥洗更衣室‧兒童室‧臥室等的走廊設置書櫃。即使不擺放桌椅，人也會自然在走廊聚集。

在書櫃中層設置展示架。為了避免累積灰塵，安裝玻璃拉門 B

照明燈具
150W

平面圖 S = 1:50 [廣部剛司建築研究所]

展開圖 S = 1:50 [廣部剛司建築研究所]

解說　A RIOTADESIGN、B 廣部剛司建築研究所

天花板只要高 1,400mm
就能當成書房使用

除了設置一間完全獨立的書房之外,在某些案例中,也會將書房設置於客廳或走廊的一角。但無論哪種情況,打造一個能夠沉浸在眼前事物中的空間都很重要。因此也必須注意開口部與書櫃的設置方式。這裡以後者為例,介紹書房的高度尺寸。

書房的天花板高約 2,000mm

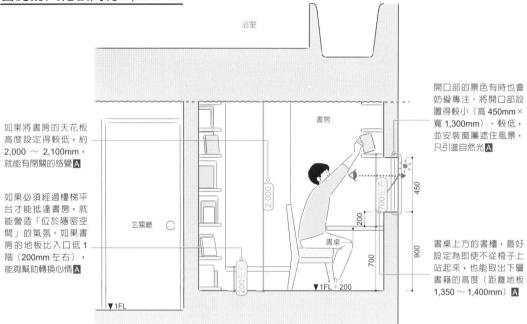

浴室

開口部的景色有時也會妨礙專注。將開口部設置得較小(高 450mm × 寬 1,300mm)、較低,並安裝窗簾遮住風景,只引進自然光 A

如果將書房的天花板高度設定得較低,約 2,000 ～ 2,100mm,就能有閉關的感覺 A

書房

如果必須經過樓梯平台才能抵達書房,就能營造「位於隱密空間」的氣氛。如果書房的地板比入口低 1 階(200mm 左右),能夠幫助轉換心情 A

玄關廳

書桌

書桌上方的書櫃,最好設定為即使不從椅子上站起來,也能取出下層書籍的高度(距離地板 1,350 ～ 1,400mm)A

▼1FL

▼1FL + 200

如果將樓梯下方設為書房,天花板的最低高度為 1,400mm

如果確保天花板能有約 1,400mm 的高度,就能將樓梯下方等空間當成書房使用 B

如果入口的開口高度比天花板的高度更低,就能形成如地窖般的書房 B

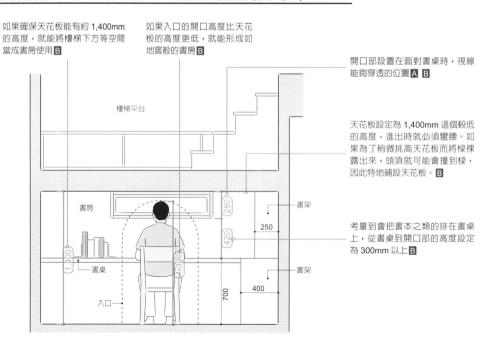

樓梯平台

開口部設置在面對書桌時,視線能夠穿透的位置 A B

天花板設定為 1,400mm 這個較低的高度,進出時就必須彎腰。如果為了稍微挑高天花板而將樑裸露出來,頭頂就可能會撞到樑,因此特地鋪設天花板。B

書房

書架

250

考量到會把書本之類的排在書桌上,從書桌到開口部的高度設定為 300mm 以上 B

書桌

書架

入口

400

700

解說 A 小野設計建築設計事務所、B NL Design 設計室

開口部考量基本姿勢，設定對視線有效的高度

開口部的位置，最好也考量人的視線高度。除了解決採光、通風、鄰居視線等課題之外，也留意各個房間的「視線高度」。人類的視點固定於正面時，只有中央視覺〔※〕的範圍能夠清楚看見對象物。至於視野勉強能夠看見的位置，視力則降到中央視覺的1／40。

開口部周圍的基本姿勢與視線

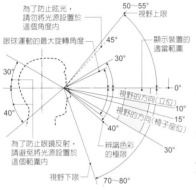

為了防止眩光，請勿將光源設置於這個角度內

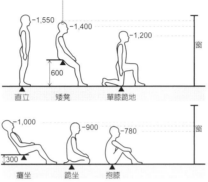

眼神隨著在日常生活中的姿勢變化而有各種不同的高度。考慮房間的使用方式，設計配合其姿勢的開口部。

看見美麗景色的開口部高度守則

▷ 窗戶小（長型開口部）

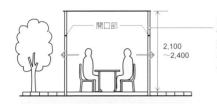

配合沙發高度，設置長型開口部，就能在坐著時視線看向窗外，站著時注意到室內的佈置。垂壁做得較大（800mm以上），就能實現低重心的沉穩空間。

▷ 窗戶小（角窗）

窗戶的護牆版除了配合餐桌的高度等〔參考50頁〕調整之外，如果還能做得較小，就能聚焦在呈現景色。

▷ 窗戶大（兩側開口部）

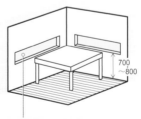

落地窗做成橫向長窗，與外部空間一體化。或者也可以在兩側設置從地板到天花板的開口部。只要鋪設木棧板，平坦地接到室內地板，就能在產生內外空間的連續感。

※ 視野中敏感度最高的範圍。眼睛在不動的狀態下能夠看見的範圍就是視野，而中央視覺的能力就是視力。

開口部需要的採光與通風

根據日本建築基準法規定，住宅居室開口部的有效採光面積為地板面積的 1 ／ 7 以上。有效採光面積可透過窗戶面積乘上採光修正係數求出。而不同用地的採光修正係數計算式有不同的規定 [表 1，※1]。至於通風，必須設置自然通風的有效面積相當於居室地板面積 1 ／ 20 以上的開口部。有效通風面積根據開口部的形狀而有所不同 [表 2]。

採光

表 1　採光修正係數的計算式

用地種類	採光修正係數的計算式	D：從位於開口部正上方的建築物各部分，到面對這個部分的相鄰土地界線，或是位於同一用地內的其他建築物，抑或是到該建築其他部分的水平距離 [＊]。
住宅用地	D ／ H×6－1.4	
工業用地	D ／ H×8－1	H：從開口部正上方的建築物各部分，到開口部中心的垂直距離。
商業用地	D ／ H×10－1	
其他用地		＊若住宅用地的水平距離 D 為 7m 以上，工業用地為 5m 以上，商業用地、其他用地為 4m 以上，那麼採光修正係數視為 1。

D　簷廊・有 2 室採光的居室採光

以能夠隨時拉開的拉門等隔開的 2 個房間，可視為同一個房間。

如果有寬900mm以上的簷廊，算式則是0.7×窗戶面積×採光修正係數

D　開口部面對道路、公園時的邊界

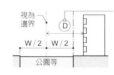

從相鄰土地線到開口部中心位置的水平距離 D，在開口部緊鄰河川或公園等的情況下，由於採光量較多，將邊界設定在 W ／ 2 外側的位置即可。面對道路時，將該建築物面對的道路相反側的線視為邊界。

通風

表 2　有效通風窗的範例

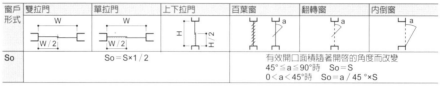

窗戶形式	雙拉門	單拉門	上下拉門	百葉窗	翻轉窗	內倒窗
So		So＝S×1／2		有效開口面積隨著開啓的角度而改變 45°≦a≦90°時　So＝S 0＜a＜45°時　So＝a／45°×S		

表 So：有效開口面積（該窗戶能夠有效排煙的開口部面積）S：開口面積

需要防火設備的場所

防火區劃必須符合公告規格或設置政府許可之適合的防火設備（防火門）。防火區劃的開口部等需要「特定防火設備」的情況，或是耐火・準耐火建築的外牆等有延燒疑慮的部分，就需要安裝防火設備。如下圖這種，從外牆突出 500mm 以上的準耐火結構的地板、翼牆以及其他類似的結構，在防火上被有效遮蔽的情況，就不需要準耐火結構或防火門窗 [※2]。

有延燒疑慮的部分，在開口部設置防火設備

D　建築物有延燒疑慮的部分

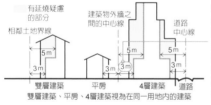

雙層建築、平房、4層建築視為在同一用地內的建築

若同一用地內有 2 座以上的建築物，且總面積合計為 500m² 以內，就視為 1 棟。若總面積合計超過 500 m²，則各個建築就視為不同棟，屬於有延燒疑慮的部分。

D　不同角度有延燒疑慮的部分

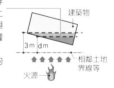

附近火災時，受到加熱影響的範圍，不只與距離相鄰土地界線多遠有關，也根據與相鄰土地界線的角度，計算出受到與面對面情況下等價的加熱影響的範圍（d）。有角度（dm）的隔離距離，可以比面對面的情況（3m）少。

防火區劃

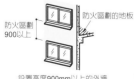

設置高度900mm以上的外牆

設置寬度900mm以上的外牆

設置突出500mm以上的屋簷

設置突出500mm以上的準耐火結構翼牆

※1 根據 2003 年的修法，特定行政廳指定的區域，可根據稠密程度選擇採光修正係數。｜ ※2 與牆壁或地板的防火區劃鄰接的外牆，接觸的部分被定為寬900mm 以上的準耐火結構。此外，如果希望將外牆部分設為開口部，就必須在開口部設置防火設備。

POINT 03

了解現成防火窗框的種類

固定窗能夠有效打造開放空間。不過，要是使用於難以清掃戶外玻璃面的二樓，就必須考慮清掃的問題。如果做成雙拉窗狀的大開口，也能採用三拉以上或單拉窗。使用現成窗框時，最好掌握廠商販賣的防火開口部協會首長認證產品的基本尺寸。

固定窗

表1　不同廠商主要固定窗的最大、最小基本內部尺寸

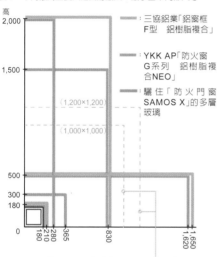

███：三協鋁業「鋁窗框 F型　鋁樹脂複合」

███：YKK AP「防火窗 G系列　鋁樹脂複合NEO」

███：驪住「防火門窗 SAMOS X」的多層玻璃

如果設置正方形的固定窗（1,000×1,000mm、1,200×1,20mm），看起來就像將窗外的風景固定在畫框裡。

雙拉窗

表2　主要雙拉窗（窗型）的最大、最小基本內部尺寸

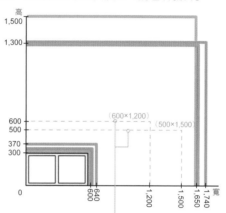

如果將雙拉窗做成高側窗，考慮到排熱效果，開口部的比例做成長型（500×1,500mm 或 600×1,200mm 左右）。

███：三協鋁業「鋁窗框 F型 鋁樹脂複合」

███：YKK AP「防火窗 G系列 鋁樹脂複合NEO」

███：驪住「防火門窗SAMOS X」的多層玻璃

日本官方認證的現成防火門窗

包含裝潢木製窗框與現成產品的組合。除了玄關門或客廳等顯眼場所追求設計性的窗框之外，其他地方考量到成本面，多半使用鋁製窗框A

表3　現成防火門窗的最大尺寸

開關形式		每邊的最大長度（mm）	
		內部寬度	內部高度
固定窗		1,850	2,300
單拉窗	1片	2,200	2,300
	2片	3,000	2,300
雙拉窗	2片	2,200	2,300
	3片	3,000	2,300
	4片	3,000	2,300
滑開窗		850	1,500
垂直滑開窗		850	1,500
單開門		900	2,400

月牙鎖的位置

住宅的氣密性愈高，開關門窗時的操作性就會愈差，尤其大開口又重又難關關，請根據設想的開關頻率與房間的目的，選擇適當的窗戶大小。

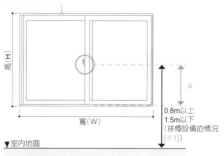

高（H）
寬（W）
a
0.8m以上
1.5m以下
（排煙設備的情況[※1]）
▼室內地面

表4　月牙鎖的標準位置[※2]

主要窗戶形狀	高度（H）尺寸（mm）	月牙鎖的標準位置 高a（mm）
窗戶類型	H ≦ 254	81
	254 < H	H／2－46
落地窗・陽台類型	H < 1,775	H-975
	1,775 ≦ H	800

解說　A若原工作室
※1 如果將排煙設備等設置於牆壁的開口部，以手動操作開關的部分（月牙鎖等），依規定必須設置於距離地板高 0.8m 以上，1.5m 以下的位置｜ ※2 參考驪住的雙拉窗（ALC 框、RC 框、半外框共通）

聰明使用現成的木窗框

外部木製隔間物所需的性能中,水密性、氣密性、隔音性、隔熱性、耐風壓性等必須符合 JIS 規定。木製窗框的耐風壓性,比金屬製窗框更有利。請掌握現成木製窗框的尺寸,並根據目的選擇最適合的產品。準防火以上的用地,請在有延燒疑慮的外部開口部使用符合「防火設備」的防火門。如果對於遮光性、防範性等有特殊需求,防雨板有不錯的效果。

現成木製窗框

▷ 單拉窗

（滑動式1 / ISLAND PROFILE）

1,000～3,000

600～3,000

開口部多半使用訂製品與現成品的組合。現成品不僅能夠降低成本,在防火方面也較為有利。但如果不是現成的尺寸,花費就會提高,因此必須注意 **A**

▷ 雙拉窗

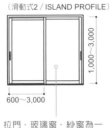

（滑動式2 / ISLAND PROFILE）

1,000～3,000

600～3,000

拉門‧玻璃窗‧紗窗為一組 **B**

▷ 折疊窗

（窗 / ISLAND PROFILE）

900～2,400

500～900

單側‧雙側能夠分別折疊,呈現帶有開放感的開口部。如果考慮防水,最好採用外開式。

▷ 垂直滑出窗

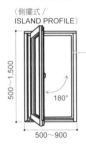

（側擺式 / ISLAND PROFILE）

從牆面往外推出,順著縱軸滑動,窗面可自由旋轉。方便調節風量與外部空氣。也能簡單地清潔擦拭玻璃面。

500～1,500

180°

500～900

▷ 木框門

玄關門多半既需要防火性也需要隔熱性,因此使用現成木門 **C**

（單開木框門 / ISLAND PROFILE）

1,800～2,600

800～1,100

▷ 突出窗

（CANOPY STAY / ISLAND PROFILE）

500～1,400

約60°

500～1,800

防火設備規格的木窗框尺寸

表5 不同廠商符合防火設備規格的窗框尺寸

主要廠商	認證編號	開關形式		框外尺寸的窗高（mm）	框外尺寸的窗寬（mm）
ISLAND PROFILE	EB-0089	雙拉窗		1,200～2,600	1,000～2,300
	EB-0061	內開內倒窗		600～2,300	520～1,200
	EB-0075	雙開窗	雙開	500～2,300	1,200～2,000
			單開	500～2,300	628～1,000
	EB-0047	橫軸滑出窗		500～1,400	500～1,400
	EB-0033	固定窗		400～2,300	400～2,600
	EB-0916	N door（鷲羽目窗）只有花旗松材質獲得認證		1,800～2,600	1,800～2,600
KIMADO	EB-9584	外開窗		600～900	～2,300
	EB-0157	單拉窗		1,000～2,400	900～2,300
	EB-0158	外開窗		600～900	500～2,300
	EB-0159	固定窗		500～1,200	1,500～2,300
	EB-0160	雙開窗		1,200～1,800	1,500～2,190
	EB-0487	突出窗		1,000～1,500	900～1,500

＊ ISLAND PROFILE 的拉門、折疊門、連窗除外。玻璃全都是金屬網玻璃。

防雨板最適合使用雙拉式

▷ 雙拉式防雨板

防雨板必須每天從收納處沿著溝槽拉進拉出,因此建議採用雙拉式。

只要做成雙拉式並於每扇窗下面設置滾輪,就能順利開關。

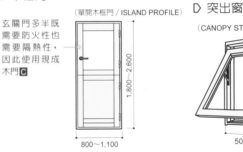

防雨板

收納處

紗窗

玻璃窗

關於防犯性方面,平開窗能夠確實鎖上,因此比雙拉式更有利。

為了確保防蟲與通風,必須設置紗窗。

解說 **A** DesignLife 設計室、 **B** Ando Atelier、 **C** Asunaro 建築工房

晾衣陽台旁的走廊保留寬敞的空間

如果想在室內也保留晾衣空間，可以事先設置專用的掛鉤與晾衣桿。

最好確保能夠設置兩根晾衣桿的空間（寬度至少900mm，最好有1,200mm左右）**A**

比起突出於建築物外，陽台更常設置於建築物內。因此陽台的深度約910mm左右 **B**

衣物放置處，室內晾衣空間

走廊

陽台

挑空

截面圖［S＝1:50］［3110ARCHITECTS 一級建築士事務所］

設置於室內的衣物放置處，必須採取即使晾衣服也能確保通道的配置，因此走廊最好能有910＋450mm的寬度 **C**

即使晾在戶外，如果室內有暫時放置洗好衣物的空間就會很方便。衣物的暫時放置處設置於從客廳看不見的位置 **C**

客房

浴室

衣物放置處

盥洗室

洗衣機

N

走廊

陽台

挑空

扶手

如果希望將衣物晾在室外，必須縮短洗衣動線，並且在從盥洗室附近容易抵達的位置設置晾衣空間 **D**

最好也確保能夠曬棉被的空間。也可以與晾衣空間分開設置 **A**

平面圖［S＝1:50］［3110ARCHITECTS 一級建築士事務所］

解說　**A** Asunaro 建築工房、**B** 若原工作室、**C** 3110ARCHITECTS 一級建築士事務所、**D** akimichi design

即使將衣物晾在陽台，還是可以在旁邊的走廊保留一個空間，作為暫時擺放衣物及室內的晾衣空間使用，這麼一來就會更方便。梅雨季或花粉多的季節等，或許會有「平常能在室內晾衣服」的空間需求，因此最好設計陽光室或半戶外的晾衣陽台。

在室內設置晾衣空間

如果在室內設置晾衣空間,梅雨季之類的時期就會很方便。即使在室內,晾衣空間基本上也最好設在南側,如果能夠遠離客廳等人們聚集的場所更好。除了確保最低限度的空間,也必須注意室內室外的視覺觀感。

設置陽光室就能將衣物舒適地晾在室內

晾衣空間盡可能設置在南側。最好是有屋頂,而且從人們聚集的場所不容易看見的地方。**A**

如果無法在室內確保晾衣專用的空間,也可以設置於盥洗室或玄關廳**B**

雖然會包含在建蔽率或容積率裡〔參考103頁〕,但為了避免衣物被雨淋濕,最好還是確保晾衣空間能夠被牆壁包圍。不晾衣服時,也可以當成房間的延伸使用**B**

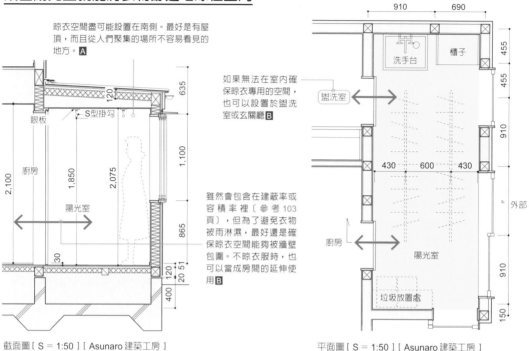

截面圖〔S = 1:50〕〔Asunaro 建築工房〕

平面圖〔S = 1:50〕〔Asunaro 建築工房〕

使用百葉窗打造從外面不容易看見衣物的晾衣陽台

如果是雙薪家庭,建議將衣物晾在室內。將室內晾衣空間設置於洗衣室的延伸空間或是走廊,就會很方便**A**

雖然希望衣物曬到太陽,但為了避免被路上的行人看見,使用遮蔽視線的格柵將晾衣台圍起來**C**

為了避免開關門占空間,室內的出入口採用拉門**C**

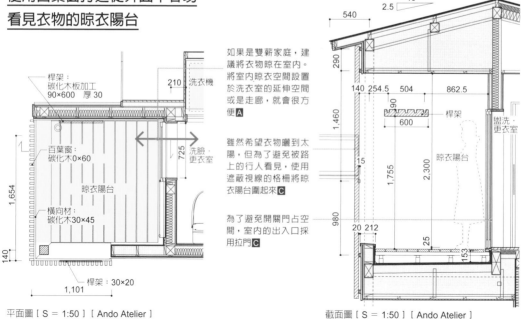

平面圖〔S = 1:50〕〔Ando Atelier〕

截面圖〔S = 1:50〕〔Ando Atelier〕

解說 **A** Asunaro 建築工房、**B** DesignLife 設計室、**C** Ando Atelier

POINT 02

晾衣相關用具 的尺寸

無論晾在室內還是室外，洗衣、晾衣相關用具多半很占空間。因此最好確實掌握必要的基本用具的尺寸。在往來洗衣機與晾衣空間的動線上設置收納空間，做起家事就會很順暢。

放在陽台附近的用具

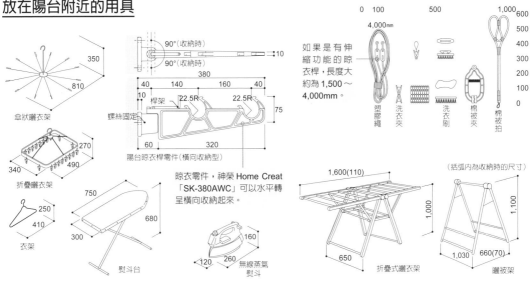

傘狀曬衣架

810 / 350

螺絲固定 90°(收納時) 90°(收納時) 10 380 40 140 160 40

22.5R 22.5R 桿架 75 60 320

陽台晾衣桿零件（橫向收納型）

晾衣零件，神榮 Home Creat「SK-380AWC」可以水平轉呈橫向收納起來。

折疊曬衣架 340 / 270 / 490

衣架 250 / 410

熨斗台 750 / 680 / 300

無線蒸氣熨斗 160 / 120 260

如果是有伸縮功能的晾衣桿，長度大約為 1,500～4,000mm。

塑膠繩 4,000mm / 洗衣夾 / 洗衣刷 / 棉被夾 / 棉被拍

折疊式曬衣架 1,600(110) / 1,000 / 650

曬被架 （括弧內為收納時的尺寸）1,100 / 1,030 / 660(70)

POINT 03

關於陽台的規定

建築面積 [※1] 與樓板面積 [※2]，各自受到建蔽率、容積率影響，因此設計戶外陽台時必須注意。根據建築基準法規定，欄杆與扶手的高度必須達到 1,100mm 以上。欄杆如果呈橫條狀，可能會導致幼兒攀爬上去而墜落，因此必須注意。木造住宅的陽台地板設置 1 / 50 排水坡道。與牆面接合部分的防水層，距離開口部下端 120mm 以上，邊緣以填縫劑填補或貼上防水膠帶。

不算入建築物面積與樓板面積的陽台

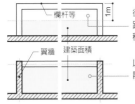

欄杆等 1m

從突出的陽台前端起算，水平距離 1m 以內不納入建築物面積。

翼牆 建築面積

以外牆包圍的陽台、有柱子的陽台，全部算入建築物面積。

陽台 2m / 2m 地板面積 建築物

對戶外充分開放的情況，陽台寬 2m 以內不算入地板面積。與建築物面積不同，只要滿足露天的條件，即使陽台被結構牆包圍，從欄杆中心起算，2m 以內的範圍都不算入。

確保兒童安全的欄杆尺寸

陽台控制在不納入建蔽率與容積率的範圍。基於防水考量，必須設置120mm 的邊墩，如果希望地面平坦，請設置棧板 A

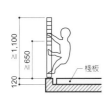

≧ 1,100 ≧ 650 120 棧板

≧ 1,100 800 120 棧板

瑕疵擔保保險的防水規格

與壁面接合的防水層，除了開口部下端之外，設置 250mm 以上的邊墩，邊緣以填縫劑填補或貼上防水膠帶。

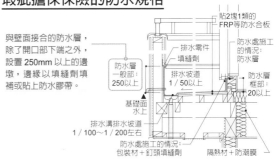

貼 2 塊 1 類的 FRP 等防水合板
防水層一般部：250 以上
排水零件 填縫劑
防水處理施工的情況：防水層
排水坡道 1 / 50 以上
防水層框部：20 以上
基礎面 水上
排水溝排水坡道 1 / 100～1 / 200左右
防水處理施工的情況：包裝材＋釘頭填縫劑
隔熱材＋防潮膜

解說　A DesignLife 設計室
※1 建築物外牆或取代外牆的柱子的中心線包圍部分的水平投影面積 ｜ ※2 建築物各樓層以及部分牆壁，以及其他區劃的中心線包圍的部分的水平投影面積

打造舒適陽台
的用具

很多屋主希望將陽台當成客廳與餐廳的延伸空間使用。如果在深約2,000mm 的寬敞陽台擺放室外用的家具，就能打造全家聚在一起喝茶聊天的空間。戶外用的家具為了防止因日曬而劣化，不使用的時候除了罩上專用保護罩之外，最好也能確保收納空間（屋簷下、廊簷下或室內等）。

放在陽台的戶外用家具

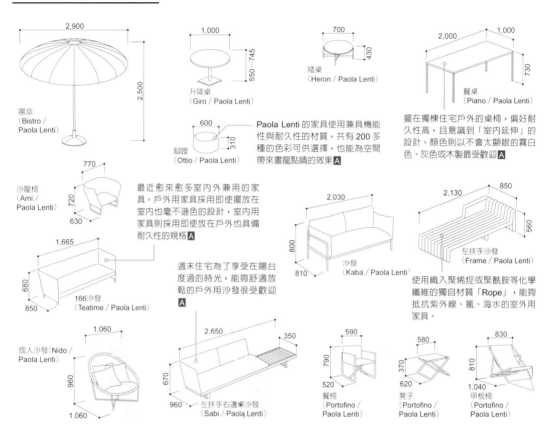

陽傘
（Bistro /
Paola Lenti）

升降桌
（Giro / Paola Lenti）

矮桌
（Heron / Paola Lenti）

餐桌
（Piano / Paola Lenti）

腳凳
（Ottio / Paola Lenti）

Paola Lenti 的家具使用兼具機能性與耐久性的材質，共有 200 多種的色彩可供選擇，也能為空間帶來畫龍點睛的效果▲

擺在獨棟住宅戶外的桌椅，偏好耐久性高，且意識到「室內延伸」的設計。顏色則以不會太顯眼的霧白色、灰色或木製最受歡迎▲

沙龍椅
（Ami /
Paola Lenti）

最近愈來愈多室內外兼用的家具。戶外用家具採用即使擺放在室內也毫不遜色的設計，室內用家具則採用即使放在戶外也具備耐久性的規格▲

沙發
（Kabá / Paola Lenti）

左扶手沙發
（Frame / Paola Lenti）

166沙發
（Teatime / Paola Lenti）

週末住宅為了享受在陽台度過的時光，能夠舒適放鬆的戶外用沙發很受歡迎▲

使用織入聚烯烴或聚醯胺等化學纖維的獨自材質「Rope」，能夠抵抗紫外線、氯、海水的室外用家具。

個人沙發（Nido /
Paola Lenti）

左扶手右邊桌沙發
（Sabi / Paola Lenti）

餐椅
（Portofino /
Paola Lenti）

凳子
（Portofino /
Paola Lenti）

甲板椅
（Portofino /
Paola Lenti）

反過來利用瑕疵擔保的高低差，讓陽台更舒適

防水陽台根據瑕疵擔保責任保險制定的標準〔參考103頁〕，必須以 FRP 防水材質等在門框下設置120mm 以上的邊墩。如果希望陽台與室內地板平坦相連，通常會在結構體設置高低差後，再以木棧板墊高〔圖 1〕。如果積極利用防水層的邊墩形成的高低差，刻意將邊墩做成 300mm 左右，就能利用室內與陽台地板的高低差，將窗台做成長椅或收納。此外，將木棧板與網蓋直接當成地板，做成雨水直接落到下方的陽台，就不需要防水層以及窗框下的邊墩，因此室內外的樓地板面線就能自然而然地對齊。

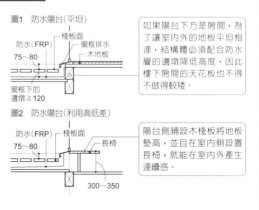

圖1　防水陽台（平坦）

防水（FRP）
75～80
窗框下的
邊墩≧120

如果陽台下方是房間，為了讓室內外的地板平坦相連，結構體必須配合防水層的邊墩降低高度，因此樓下房間的天花板也不得不做得較矮。

圖2　防水陽台（利用高低差）

防水（FRP）
75～80
300～350

陽台側鋪設木棧板將地板墊高，並且在室內側設置長椅，就能在室內外產生連續感。

解說　▲ Paola Lenti

車庫配合車輛寬度設計，並保留寬敞空間

車庫的寬度根據車門開啓時的尺寸設計

如果面積限制嚴格，就必須限定車種。如果面積充裕，就設想普通小型車（全長 4.7m、寬 1.7m、全高 2.0m）能夠進入的大小 B

設計車庫時最重要的尺寸就是車寬。請事先調查車寬＋車門開啓時的尺寸（雙門、有後方座位的車輛，車門較大）。除此之外，車體在近年來有愈來愈大的傾向 A

也有許多車主希望安裝充電設備，以便為將來換成電動車做準備。關於充電設備的設置位置，必須考慮選購的電動車的充電口位置以及電纜長度再決定。設置於夜間照明可及的範圍、不會被雨水淋到的位置等也很重要 E

一般而言，會根據停放轎車[※]的條件進行設計。如果位於郊區，也可能需要每人1個停車空間 C

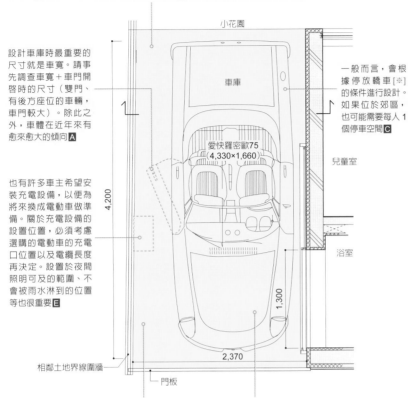

請設想屋主的使用狀況，譬如車門開啓的幅度〔參考 108 頁〕、人的通行、行李的進出等，在車輛的左右保留充裕的空間 C

即使事先詢問目前擁有的車種並依此進行設計，屋主也可能在搬新家的同時買新車。請設計較為寬裕的空間 D

平面圖〔 S ＝ 1:50 〕〔 廣部剛司建築研究所 〕

在建築物二樓部分的下方設置停車場

【大】可以根據用途，確保擁有現有車種尺寸＋ 600～700mm 的通道寬度 F

【標準】在左右各確保車輛尺寸＋ 300～450mm 的空間 B

設想屋主的使用狀況，在車輛周圍確保充分的空間，譬如開啓後座車門的軌跡、換輪胎時以千斤頂將車輛抬起的高度等。

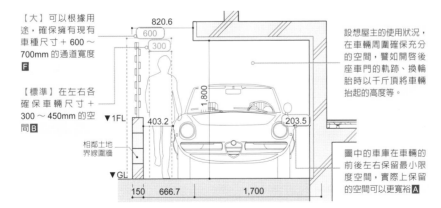

圖中的車庫在車輛的前後左右保留最小限度空間，實際上保留的空間可以更寬裕 A

截面圖〔 S ＝ 1:50 〕〔 廣部剛司建築研究所 〕

解說　A 廣部剛司建築研究所、B Asunaro 建築工房、C 3110ARCHITECTS 一級建築士事務所、D 若原工作室、
E DesignLife 設計室、F 山崎壯一建築設計事務所
※ 這裡指的是 3 箱（引擎室、乘坐空間、行李箱）分開，有 4 個車門的車輛。

有些車庫設置於建築物二樓或屋簷突出部分的下方，有些則設置成附設捲門的內置車庫。設計車庫時也必須回應屋主的需求，譬如車子是使用於工作還是使用於休閒、是否希望從室內看見車子等。

內置車庫更需要
確保充分空間

內置車庫的四邊被牆壁包圍，因此車輛與周圍的動線對於尺寸的考量變得更重要。此外，天花板的高度最好也考慮車體＋門的可動範圍，設計得較高一點。捲門的設置位置與隔離尺寸等也依產品而不同，因此必須確認。

可以停放 2 輛車的內置車庫

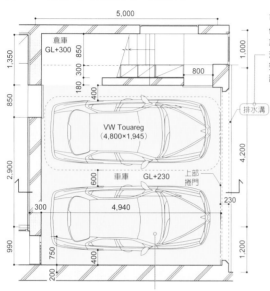

可以設置坡度約 1／100 的排水坡道，也可以設置得比周圍高但保持平坦。基本上車庫避免設置於半地下空間，但如果設置於半地下，請務必設置排水溝。此外，很多車爬不上停車場法規定的坡度，因此坡度也必須根據輪胎之間的距離，與從前輪突出部分的長度決定。如果輪胎間的距離較短，從前輪突出的部分較長，就必須盡可能平坦 A

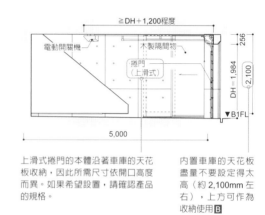

為了停放 2 輛寬約 1,800mm 的車，請準備 4,940×4,740mm 的空間。考慮車輛停妥之前的行為以及車門的開關〔參考 108 頁〕，請假設並排停放的車輛之間有 600mm 的間距 A

平面圖〔 S ＝ 1:100 〕〔 廣部剛司建築研究所 〕

上滑式捲門的本體沿著車庫的天花板收納，因此所需尺寸依開口高度而異。如果希望設置，請確認產品的規格。

內置車庫的天花板盡量不要設定得太高（約 2,100mm 左右），上方可作為收納使用 B

截面圖 S ＝〔 1:100 〕〔 廣部剛司建築研究所 〕

為愛車人士設計確保 1 輛車＋收納空間的內置車庫

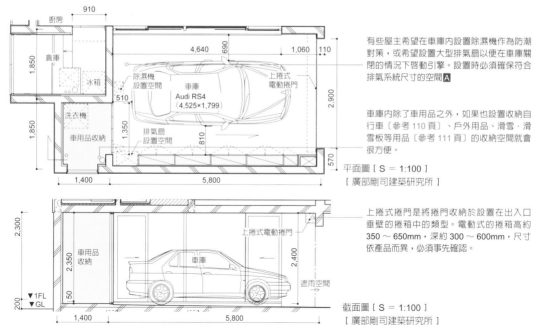

有些屋主希望在車庫內設置除濕機作為防潮對策，或希望設置大型排氣扇以便在車庫關閉的情況下啟動引擎。設置時必須確保符合排氣系統尺寸的空間 A

車庫內除了車用品之外，如果也設置收納自行車〔參考 110 頁〕、戶外用品、滑雪·滑雪板等用品〔參考 111 頁〕的收納空間就會很方便。

平面圖〔 S ＝ 1:100 〕
〔 廣部剛司建築研究所 〕

上捲式捲門是將捲門收納於設置在出入口垂壁的捲箱中的類型。電動式的捲箱高約 350～650mm，深約 300～600mm，尺寸依產品而異，必須事先確認。

截面圖〔 S ＝ 1:100 〕
〔 廣部剛司建築研究所 〕

解說　A 廣部剛司建築研究所、B DesignLife 設計室

POINT 02

預先了解汽車 · 機車的尺寸與軌跡

汽車的車庫寬 2.3m 以上，深 5.0m 以上。至於機車的車庫，基本上則是寬 1.0m 以上，深 2.3m 以上。但這些尺寸都會隨著排氣量、車種、用途等而改變，因此請事先掌握屋主擁有的車種。除此之外，決定車庫的大小時，也請事先設想停車的軌跡。

汽車的基本尺寸與軌跡也依車種而異

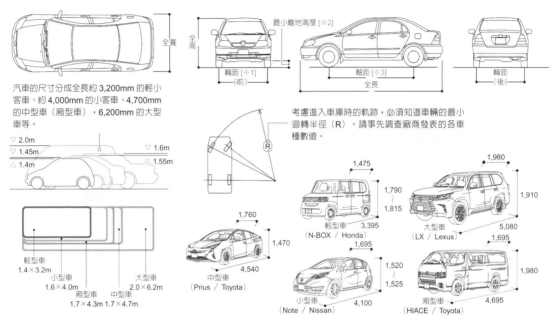

汽車的尺寸分成全長約 3,200mm 的輕小客車、約 4,000mm 的小客車、4,700mm 的中型車（廂型車），6,200mm 的大型車。

▽ 2.0m
▽ 1.45m
△ 1.4m
▽ 1.6m
1.55m

輕型車
1.4×3.2m
小型車
1.6×4.0m
大型車
2.0×6.2m
廂型車 中型車
1.7×4.3m 1.7×4.7m

最小離地高度 [※2]

輪距 [※1]
（前）
軸距 [※3]
全長
全高
輪距
（後）

考慮進入車庫時的軌跡，必須知道車輛的最小迴轉半徑（R）。請事先調查廠商發表的各車種數值。

1,760
1,470
中型車
（Prius／Toyota）
4,540

1,475
1,790 ～ 1,815
輕型車
（N-BOX／Honda）
3,395

1,695
1,520 ～ 1,525
小型車
（Note／Nissan）
4,100

1,980
1,910
大型車
（LX／Lexus）
5,080

1,695
1,980
廂型車
（HIACE／Toyota）
4,695

軌跡也會依停車方法而改變

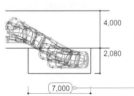

4,000
2,080
7,000

在並排停車的情況下，出入車庫時必須在車輛前後保留充裕的空間。

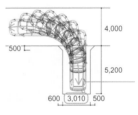

4,000
500
5,200
600 3,010 500

停車方向與前方道路垂直時，車輛的左右必須保留比並排停車更寬裕的空間。如果停車空間有截角，就不會在出入車庫時造成妨礙。

不同車種的機車形狀截然不同

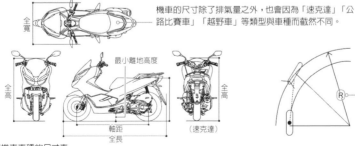

機車的尺寸除了排氣量之外，也會因為「速克達」「公路比賽車」「越野車」等類型與車種而截然不同。

全寬
全高
全高
最小離地高度
軸距
全長
（速克達）

機車的最小迴轉半徑，指的是車頭彎到底的狀態能夠迴轉的軌跡。由於機車在行駛中轉彎時車體會傾斜，因此這個數值可以想成從下車之後，以手推動時的軌跡。

表　不同機車車種的尺寸表

排氣量	廠商	車名	全長（mm）	全寬（mm）	全高（mm）	軸距（mm）	最小離地高度（mm）	最小迴轉半徑（mm）
126～250cc（中型）	Honda	REBEL250	2,190	820	1,090	1,490	150	2.8
126～250cc（中型）	Honda	CBR250RR	2,065	725	1,095	1,390	145	2.9
251～400cc	Kawasaki	Ninja400	2,110	770	1,180	1,410	130	2.7
251～400cc	Honda	CB400SF／SB	2,080	745	1,080S／1,160	1,410	130	2.6
401cc～（大型）	Kawasaki	Z900RS／CAFÉ	2,100	845	1,190	1,470	130	2.9
401cc～（大型）	Kawasaki	Ninja1000S/Z1000	2,100	790	1,185～1,235	1,440	130	3.1

※1指的是車輛的車輪中心間距離｜※2從地表到車體最低處的垂直距離。跑車通常較低｜※3汽車等的前車軸與後車軸間的距離，英文亦稱為「Wheelbase」。軸距短的車種，小範圍的轉彎較靈活。

掌握保養·上車等動作必要的尺寸

車庫需要的功能不只停車。還有人與行李的進出、電動車的電源供給，如果還能自行保養維護，也需要收納工具。請為這些用途設想恰到好處的空間。

考量開關車門的尺寸

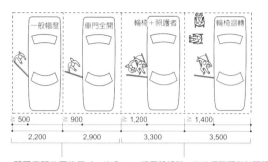

一般幅度	車門全開	輪椅＋照護者	輪椅迴轉
≧ 500	≧ 900	≧ 1,200	≧ 1,400
2,200	2,900	3,300	3,500

開關車門必要的尺寸，也會依開關的幅度而異。

使用輪椅時，也必須確認有無照護者、輪椅是否需要迴轉等條件。

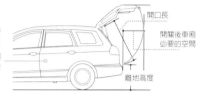

從後車廂取放行李時需要的尺寸，也會隨著車種與後車廂的開關方式而改變。

開口長／開關後車廂必要的空間／離地高度

電動車需要的充電設備與電路範例（設置於戶外的情況）

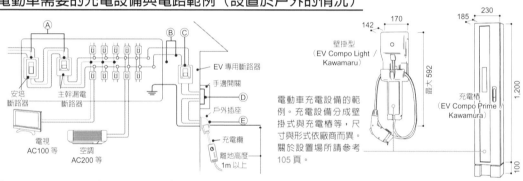

電動車充電設備的範例。充電設備分成壁掛式與充電樁等，尺寸與形式依廠商而異。關於設置場所請參考105頁。

壁掛型（EV Compo Light / Kawamaru）
142　170　最大 592

185　230　充電樁（EV Compo Prime Kawamura）　1,200　100

Ⓐ：設置具備充電所需電容的「斷路器」、Ⓑ：從配電箱將線路牽到 EV 充電用戶外插座（AC200V）專用機（規格 30A）、Ⓒ：在配電盤外設置 EV 專用漏電斷路器（規格 20A）、Ⓓ：將手邊開關（AC200V / 20A）與防水罩設置於距離地面高 1m 左右的位置、Ⓔ：將 EV 充電用戶外插座設置於距離地面高 1m 左右的位置。

更換輪胎必要的空間

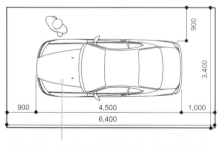

	900
900	4,500	1,000
	6,400

3,400

維修車輛時，為了操作千斤頂等工具，最好保留前後約900～1,000mm，左右約900mm的空間。如果只是更換輪胎，千斤頂抬起的高度約200mm就已經足夠。千斤頂的種類大致分成小型的剪式千斤頂，以及大型、耐用的地板千斤頂。

寬度／截面寬度／框／外徑

客車用輪胎的寬度為 135～315mm，外徑為 416～803mm，根據車種而有很大的差異。如果將備用輪胎保存於室內，輪胎橡膠中的藥品可能會滲出弄髒地面，因此最好放在容易清理的地方，或是在下面鋪厚紙板。並且避免保存於日光直射、接近雨、水以及油類、暖爐等熱源的地方。

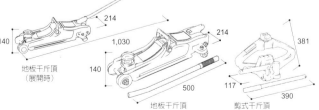

214　140　地板千斤頂（展開時）

1,030　214　140　500　117

地板千斤頂　剪式千斤頂　390　381

兩輪停車場也必須注意動線與自行車的尺寸

有屋頂的自行車停車場 能夠防止腐蝕與竊盜

很少家庭連一輛自行車也沒有。甚至還有人基於興趣，擁有好幾輛自行車，因此最好事先確認。設定自行車停車場的大小時，除了自行車的尺寸之外，還必須注意收納方法與防盜對策。除此之外，為了順利往來停車場與玄關，也請考量動線。

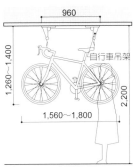

也有很多人希望將公路車之類的高級自行車放在屋內，以防遭竊或劣化。如果沒有空間，吊掛收納也是一個方法 **B**

自行車吊架

1,560～1,800
960
1,260～1,400
2,200

如果想要擺在室內，可以在土間設置停放空間。以 4 口之家為例，內部尺寸需要 1,800×1,800 ～ 2,400mm 左右 **A D**

為了防止自行車劣化，最好在停放的位置設置屋頂。本案例設置於前往玄關的途中（入口的一部分）**A**

平面圖〔 S = 1:60 〕
〔 Ando Atelier 〕

1,048
收納
入口 ▶
玄關
1FL-200
1,125
915
1,860
870
收納
壁櫥
959
763
1FL-250
750
900
1,140
停車場
上方收納
1,650
249 990
信箱
1FL-300
1,410
870
570

考量自行車＋人的空間，動線的寬度至少要有 800mm 以上。

如果有電動自行車，將充電空間設置在鞋櫃裡就會很方便。因為這麼一來，就不需要將電池帶進室內（自行車停在玄關前的遮雨空間）**C**

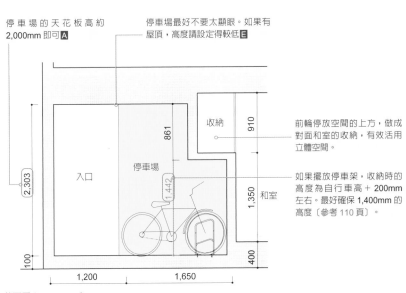

停車場的天花板高約 2,000mm 即可 **A**

停車場最好不要太顯眼。如果有屋頂，高度請設定得較低 **E**

前輪停放空間的上方，做成對面和室的收納，有效活用立體空間。

如果擺放停車架，收納時的高度為自行車高＋200mm左右。最好確保 1,400mm 的高度〔參考 110 頁〕。

入口
停車場
和室
收納
910
861
1.442
2.303
1,350
100
400
1,200
1,650

截面圖〔 S = 1:60 〕
〔 Ando Atelier 〕

解說 **A** Ando Atelier、**B** 廣部剛司建築研究所、**C** Asunaro 建築工房、**D** DesignLife 設計室、**E** 木木設計室

為所有家庭成員的
自行車另外準備空間

如果家庭成員中，有人的興趣是騎公路車，可能會一個人擁有好幾輛自行車。這時候就需要保養的地方。雖然設置停車架既麻煩又花錢，但最後卻省下了空間，因此最好有效活用。

各種自行車・周邊用具

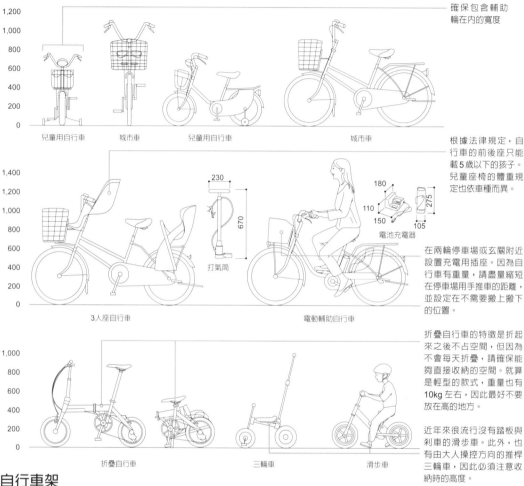

確保包含輔助輪在內的寬度

兒童用自行車　　城市車　　兒童用自行車　　城市車

根據法律規定，自行車的前後座只能載5歲以下的孩子。兒童座椅的體重規定也依車種而異。

3人座自行車　　電動輔助自行車

打氣筒

230
670
180
110
150
275
105
電池充電器

在兩輪停車場或玄關附近設置充電用插座。因為自行車有重量，請盡量縮短在停車場用手推車的距離，並設定在不需要搬上搬下的位置。

折疊自行車的特徵是折起來之後不占空間，但因為不會每天折疊，請確保能夠直接收納的空間。就算是輕型的款式，重量也有10kg左右，因此最好不要放在高的地方。

近年來很流行沒有踏板與剎車的滑步車。此外，也有由大人操控方向的推桿三輪車，因此必須注意收納時的高度。

折疊自行車　　三輪車　　滑步車

自行車架

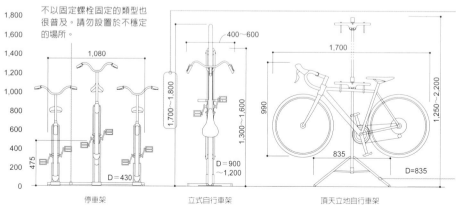

不以固定螺栓固定的類型也很普及。請勿設置於不穩定的場所。

地板面積小也可設置，因此很受歡迎，但需要相當於自行車全長的高度，這點必須注意。

1,080
1,700〜1,800
400〜600
1,300〜1,600
1,600
1,700
990
1,250〜2,200
475
835
D=430
D=900〜1,200
D=835

停車架　　立式自行車架　　頂天立地自行車架

有頂天立地的類型，可以在周邊確保能夠進行保養作業的空間。

POINT 02

收納自行車需要
1,200mm 的高度

如果將內置車庫當成愛好室，必須確實理解屋主想在那裡做什麼。如果屋主的興趣是騎自行車，就必須考慮自行車的保管方式以及保養空間。倘若將自行車收納在閣樓，必須確保容易取放自行車的高度（樑下 1,200mm 以上）。

閣樓天花板樑下 1,200mm 左右，是考慮預定收納的自行車高度（較大的登山車，高度為 1,100mm）所設定的數字。

車庫的天花板高度，最高為樑下 3,500mm 左右。如果設置閣樓，上方保管自行車，下方可作為寬敞的土間空間使用。

如果高度有 1,400mm 左右，可以將行李箱與背包疊起來收納。

如果需要將自行車搬進屋內，請將玄關門做成拉門，方便人牽著自行車通過。此外，如果將玄關的最小寬度設為 1,200mm 左右，就不會有壓迫感。

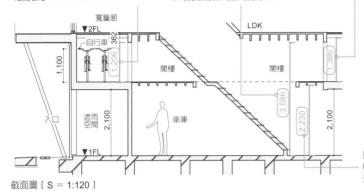

截面圖［S = 1:120］

如果天花板高 2,230mm 左右，就不需要工具輔助，可以自己將自行車抬起來，掛在設置於天花板的吊架上。

POINT 03

戶外用品資料集

車庫能夠收納車輛的保養用品到戶外用品等各式各樣的物品，因此確保足以收納這些物品的空間也很重要。這裡將介紹各種用品的尺寸，以便作為決定車庫高度的參考。

運動用品

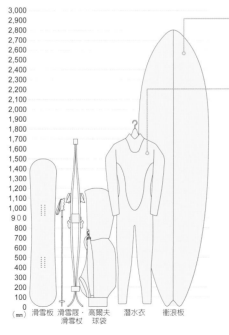

衝浪板有各種長度 [※1]。設計前請確實詢問屋主，確認尺寸與收納方法。

如果想將潛水衣（成人用的高約 1,500mm）掛在牆壁上收納，衣架掛勾必須設置在比 1,800mm 稍高的位置，潛水衣的下襬才不會碰到地面，能夠比較快乾。

車用品

如果在車頂設置滑雪屐架或車頂箱 [※2]，停車場天花板與出入口的高度必須再高 500mm 左右。

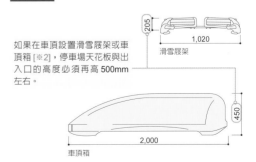

滑雪屐架

車頂箱

上「HSK」設計：no.555、照片：鈴木龍馬

※1 衝浪板根據尺寸，分成短版、Funboard 與長板 3 種。短板長約 1,600～1,900mm，Funboard 長約 2,000～2,600mm，長板一般長約 2,740mm 以上。
※2 為了收納超過車輛載物台容量的物品而安裝於車頂的收納箱。

空調室外機與相鄰土地的距離

在都市地區，相鄰土地與建築物的距離多半設定為勉強符合日本民法的尺寸（500mm）。設計建築物時，外牆面與相鄰土地界線的距離如果有750mm，就能有寬600mm的作業空間，因此能夠提升作業性 B

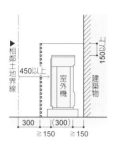
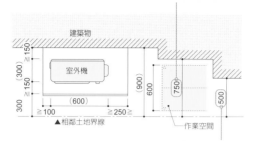

如果用地沒有多餘空間，與相鄰土地界線也無法確保500mm的距離，有時也會再稍微窄一點。 A

熱泵式熱水器

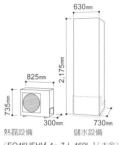

熱磊設備
（EQ46UFHV 4〜7人 460L]/ 大金）

熱磊設備
（EQ46UFHV 4〜7人 460L]/ 大金）

熱泵式熱水器是一種利用大氣中的熱量來燒熱水的高效率熱水器。熱磊必須搭配儲水槽，而儲水槽的容量與大小，則隨著家庭人數與設置空間而改變。

相鄰土地界線與室外機之間保留800mm的間距。為了避免妨礙景觀，請勿正對著鄰家的窗戶 B

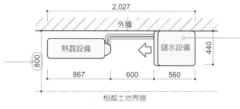

為了防止熱損耗，如果將熱水器安裝在室外，請安裝在室外儲藏室中，或是比較不會吹到風的地方 B

太陽能電池模組

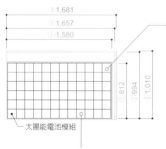

太陽能電池模組

安裝於屋頂時，最好安裝在發電效率最高的南面。

太陽能電池模組也稱為太陽能板，是作為太陽能電池產品流通的太陽能電池的單位。太陽能電池模組的最大稼動率約為20%。稼動率愈大，需要安裝的太陽能板面積愈小。舉例來說，Panasonic模組〔參考表格〕的發電量約250W，如果希望發電10kW，就需要40片的面積（約51.3m²）。

表　太陽能板的尺寸

	廠商	商品名稱	模組轉換效率	官方發表最大發電量
①	Panasonic	HIT	19.3%	247W
②	三菱電機	PV-MB 2700MF	16.4%	270W
③	Sharp	NU-285SH	16.8%	285W

解說　A 木木設計室、B MOLX建築社

將室外機放在建築物外圍時必須注意維護的空間

根據日本民法規定，與相鄰土地之間必須確保500mm以上的距離。如果設置室外機‧熱泵式熱水器等，就必須在考量安裝‧維護所需空間的同時，也確保與相鄰土地之間的距離，再依此配置建築物。空調的室外機，必須在前方確保450mm以上作為維護空間。為了施工，必須在室外機本體的前後確保150mm以上、左右確保100mm以上的空間。

點綴外圍的植栽尺寸

在居住環境中栽種植物，可以調劑生活。植物不僅可供觀賞，還能利用其性質，改善夏熱冬冷的環境，也能遮蔽周圍的視線。這裡將介紹住宅用的一般造園木尺寸。

推薦的大型樹

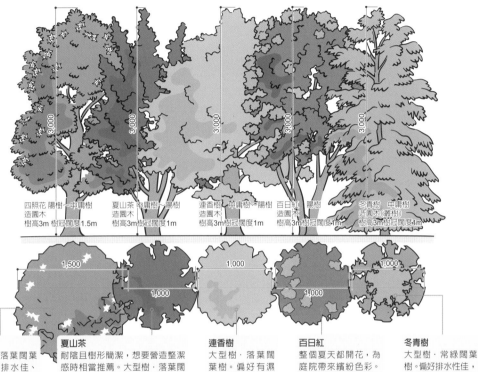

四照花 陽樹～中庸樹
造園木
樹高3m 樹冠闊度1.5m

夏山茶 中庸樹～陽樹
造園木
樹高3m 樹冠闊度1m

連香樹 中庸樹～陽樹
造園木
樹高3m 樹冠闊度1m

百日紅 陽樹
造園木
樹高3m 樹冠闊度1m

冬青樹 中庸樹
造園木(叢樹)
樹高3m 樹冠闊度1m

四照花
大型樹・落葉闊葉樹。偏好排水佳、通風好的肥沃土地。花朵朝上綻放，可以從二樓欣賞。花期為6～7月。

夏山茶
耐陰且樹形簡潔，想要營造整潔感時相當推薦。大型樹・落葉闊葉樹。偏好富含腐植質的肥沃土壤，討厭乾燥、西曬的土地。花期為6～7月。

連香樹
大型樹・落葉闊葉樹。偏好有濕氣的肥沃土壤，討厭乾燥的土地。花期為4～5月。

百日紅
整個夏天都開花，為庭院帶來繽紛色彩。大型樹・落葉闊葉樹。喜歡排水性佳的中性土。花期為7～9月。

冬青樹
大型樹・常綠闊葉樹。偏好排水性佳，富含腐植質的肥沃土壤。果實在10～11月轉紅成熟。

推薦的中型樹・小型樹

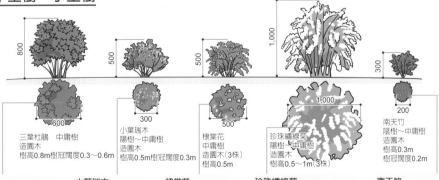

三葉杜鵑 中庸樹
造園木
樹高0.8m 樹冠闊度0.3～0.6m

小葉瑞木
陽樹～中庸樹
樹高0.5m 樹冠闊度0.3m

棣棠花
中庸樹
造園木(3株)
樹高0.5m

珍珠繡線菊
陽樹～中庸樹
造園木
樹高0.5～1m(3株)

南天竹
陰樹～中庸樹
造園木
樹高0.3m
樹冠闊度0.2m

三葉杜鵑
初夏綻放鮮豔的花朵。花期雖短，卻能讓庭院變得熱鬧。樹形呈現美麗的扇形。小型樹・落葉闊葉樹。偏好酸性，排水佳的肥沃土壤。花期為5～7月。

小葉瑞木
中型樹・落葉闊葉樹。偏好日照佳的場所。花期為3～4月。

棣棠花
小型樹・落葉闊葉樹。偏好陰地、半陰地。花期為3～6月。

珍珠繡線菊
樹形柔和，因此很適合搭配直線條的建築物。綻放白花的狀態很美，能為庭院增添風情。小型樹・落葉闊葉樹。花期為3～4月。

南天竹
小型樹・常綠闊葉樹。偏好半陰地、通風好的土壤，討厭西曬與乾燥的土地。花期為6～7月。果實在11～2月轉紅成熟。

PART 3

住宅尺寸
的基本

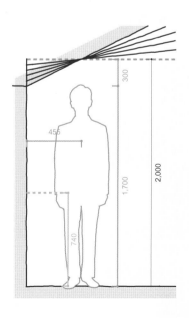

基線基本上為 3 尺 =910mm

基線基本上採用 910（909）mm 的模組較合理。木造住宅如果偏離以 910mm 或 455mm 為單位的尺寸，將會浪費較多建材 A B

廁所的深度如果為 1,820mm，可能會造成建材的浪費，因此必須注意〔參考78頁〕。

很多現成品都以 3 尺（910mm）為基線製作。舉例來說，整體衛浴（UB）1616 的尺寸（內部尺寸 1,600×1,600mm），就能容納在 1 坪（1,820×1,820mm）的空間內〔參考 68 頁〕。

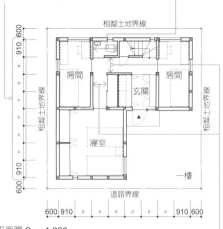

平面圖 S ＝ 1：200

即使是鋼筋水泥建築，水泥模板多半還是使用以 3×6 板（910×1,820mm）為單位的尺寸體系。不過，由於結構體（牆）比木造更厚，因此走廊〔參考左頁〕等狹窄的空間如果直接使用日制尺寸（910mm），將會造成使用上的不便，因此必須注意 C

如果跳過樑的跨徑，樑厚就會變厚，成本就會變高。

截面模組以板材尺寸為基本

如果是斜屋頂，天花板自然會隨著屋頂形狀變高，因此二樓的樓高就不需要設定得較高 E

石膏板或合板的高度如果不超過規格尺寸 1,800mm、2,400mm、2,700mm，較符合經濟效益〔參考左頁〕B D

最近比起通柱，更常使用管柱，使用加長建材的情況也減少了。即便使用加長建材也是流通材，而且必須能夠搬入建地。此外，預切加工的價格根據體積決定，因此如果使用符合常規尺寸的建材，價格比較不會受到尺寸影響 B

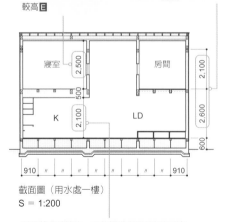

截面圖（用水處一樓）
S ＝ 1：200

希望將面積擴大、天花板挑高的屋主出乎意料地多。所以最好在第一次簡報時，就告知屋主減少面積、降低高度的優點 [※1] E

截面圖（用水處二樓）
S ＝ 1：200

樓高多半設定為 2,400mm，如果想要降低樓高，請確認①整體衛浴是否進得來〔參考 68 頁〕，②廚房是否能設置抽油煙機〔參考 39 頁〕F

即使現在物體長度的基準變成公制，建築物（尤其木造建築）的尺寸依然存在著其他體系。以「尺」為基準能夠有效率地使用流通的建材，也能夠設計・建造符合環境以及體型的住宅尺寸。

解說：A Asunaro 建築工房、B 前田工務店、C 廣部剛司建築研究所、D MOLX 建築社、E 木木設計室、F 若原工作室
※1 提高生活便利性以及降低預算等

POINT 01

面材流通的基本尺寸

流通材的尺寸以石膏板與合板為例，以 3×6 板的尺寸為基本。如果 3×6 板不夠大，也可以選擇 3×8 或 3×9 板等較大的板材，但根據面材的種類，可能會被當成客製化商品或訂製商品處理，因此設計時最好還是以 3×6 板為基本。

流通材的基本尺寸

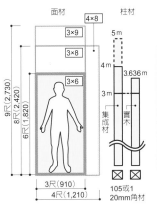

一般流通的樑，寬度為 105mm 或 120mm，長度為 3m、4m、5m、6m。厚度如果是集成材，則為 150mm～450mm，每 30mm 為一個單位，如果是實木則為 150mm～360mm，每 30mm 為一個單位 [※2] D

各種合板的厚度與尺寸（mm）

椴木合板（厚 3、4、5.5、9、12、15、18、21、24、30）
910×1,820、910×2,130、1,000×2,000 [＊]、1,220×2,430、1,220×1,820、1,220×2,430

MDF（厚 2.5、3、4、5.5、7、9、12、15、18、21、24、30）
910×1,820、1,220×1,820、1,220×2,430

塑合板（厚 9、12、15、18、25）
910×1,820

杉木 3 層板（厚 36）
910×1,820、1,000×2,000

＊ 厚 3～12

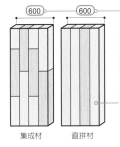

最近市面上可以看到許多寬 600mm 的集成材或直拼材。剖半就變成 300mm，經常用來製作層架 D

直拼材由許多長條木塊橫向拼接而成，價格比實木便宜 D

集成材　　　直拼材

各種石膏板的厚度與尺寸（mm）

石膏板（厚 9.5、12.5、15）
910×1,820、910×2,420、1,000×2,000 [＊]、1,220×2,430 [＊]

強化石膏板（厚 12.5、15、21）
606×1,820、606×2,420、910×1,820、910×2,430、1,220×2,430

結構用石膏板（厚 12.5）
910×1,820、910×2,420、910×2,730

＊ 部分厚度沒有流通，或是必須訂做

其他面材的厚度與尺寸（mm）

彈性板（厚 3、4、5、6）
910×910、910×1,820、1,000×2,000

矽酸鈣板（厚 5、6、8、10、12）
910×910、910×1,820、910×2,420、910×2,730、1,000×2,000

什麼是日制尺寸

根據日本計量法，從 1966 年起，土地與建築物的尺寸開始使用公制單位。但現在即使圖面上的尺寸以公制單位標記，考量到流通材的尺寸等，以下對照表，可供換算。

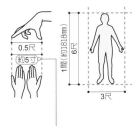

日制尺寸的長度，除了右表的「間」與「尺」之外，還有「寸」與「分」。1 分為 3m，1 寸（10 分）為 30.3mm，10 寸為 1 尺（303.03mm）。榻榻米的尺寸參考 64 頁。

表 1　間‧坪‧m² 的單位換算

1 間 ×1 間	3.3058 m²	1 坪	3.3058 m²
		2 坪	6.6116 m²
1.5 間 ×1.5 間	7.4380 m²		
		3 坪	9.9173 m²
2 間 ×2 間	13.2231 m²	4 坪	13.2231 m²
		5 坪	16.5289 m²
		6 坪	19.8347 m²
2.5 間 ×2.5 間	20.6611 m²		
		7 坪	23.1404 m²
		8 坪	79.3387 m²
3 間 ×3 間	29.7520 m²	9 坪	29.7520 m²

表 2　日制尺寸與 mm 單位

1 尺	303.03 mm	
2 尺	606.06 mm	
3 尺	909.09 mm	
4 尺	1,212.12 mm	
5 尺	1,515.15 mm	
6 尺	1,818.18 mm	1 間
7 尺	2,121.21 mm	
8 尺	2,424.24 mm	
9 尺	2,727.27 mm	
10 尺	3,030.30 mm	1 丈
11 尺	3,333.33 mm	
12 尺	3,636.36 mm	2 間
13 尺	3,939.39 mm	
14 尺	4,242.42 mm	
15 尺	4,545.45 mm	
16 尺	4,848.48 mm	
17 尺	5,151.51 mm	
18 尺	5,454.54 mm	3 間
19 尺	5,757.57 mm	
20 尺	6,060.60 mm	

※2 實木的彈性係數參差不齊，如果需要強度，最好選擇彈性係數固定的集成材。

壓低建築物的高度，將氣積最大化

【標準】如果直接將二樓的屋頂當成天花板，即使壓低檐高也能確保天花板高度，容易打造開放空間。就算有北側斜線或道路斜線等高度限制，建築物的建地界線也不需要退縮就能符合標準〔參考左頁〕

【標準】從地盤面（GL）到建築物最高處的高度稱為「最高高度」。

最高高度

屋脊木

10
5

【標準】從 GL 到檐桁上端的高度稱為「檐高」。至於「二樓檐高」則是從圍樑上端到檐桁上端的高度。

檐桁

檐高

≧318

【標準】屋頂坡度達到 6 寸以上，就難以確保屋頂面的水平剛性，維護時也需要搭鷹架。屋頂坡度最好以 5 寸以下為基準。

LDK

屋架樑

【標準】從下層地板面到上層地板面的高度稱為「樓高」。降低一樓的樓高，樓梯就可以建造得較小，坡度也較容易建造得平緩。1 層樓的樓高建議為 2,520～2,600mm 左右。

2.250

2.481

【標準】如果二樓的地板較厚，天花板就會較有壓迫感。如果希望降低樓高並盡量挑高天花板，天花板的厚度必須盡量設定得較薄（如果沒有設備配管，大約 300mm 左右）。

▼2FL
300

樑

樓高

天花板高

圍樑

2.220

2.100

臥室

2.520

【標準】從地面到天花板面的高度稱為「天花板高」。根據日本建築基準法規定，居室的天花板必須確保 2,100mm 以上的高度。

▼1FL

地基高

255

400

木地檻
地基

格柵托樑

480
300

▼GL

【標準】從 GL 到地基邊墩上端的高度稱為「地基高」。根據日本建築基準法規定，必須確保 300mm 以上高度。

【低】如果一樓的樓地板面線比地基邊墩的上端更低，那麼也能在不增加建築物高度的情況下，確保一樓的天花板高度。

※1 室內的空氣總量。利用「地板面積×（平均）天花板高」計算。

如果建地面積沒有多餘空間，高度也有嚴格的限制條件，就必須追求有效使用垂直空間的設計。舉例來說，一樓只需保留最小限度的樓高。因為如果一樓的樓高較高，樓梯的坡度就會變陡，這麼一來樓梯的面積就必須增加。以下介紹將建築物控制在所需的最小高度，同時也增大空間氣積［※1］的重點。

雖然薄但隔熱性優異的天花板結構 [※3]

▷ 和式屋架的充填隔熱（384mm）　▷ 斜樑的充填隔熱（306mm）　▷ 斜樑的外隔熱（156mm）

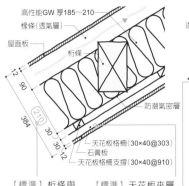
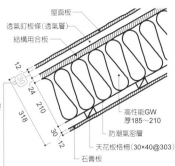
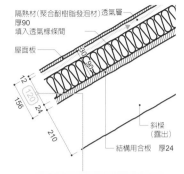

高性能GW 厚185～210
椽條（透氣層）
屋面板
桁條
防潮氣密層
天花板格柵（30×40@303）
石膏板
天花板格柵支撐（30×40@910）

屋面板
透氣釘板條（透氣層）
結構用合板
高性能GW 厚185～210
防潮氣密層
天花板格柵（30×40@303）
石膏板

隔熱材(聚合酚樹脂發泡材)透氣層 厚90 填入透氣椽條間
屋面板
斜樑（露出）
結構用合板 厚24

【標準】桁條與桁條之間填充185～210mm厚的玻璃棉，就是基本的屋頂隔熱。

【標準】天花板夾層的配線空間，只要使用天花板格柵支撐與天花板格柵的厚度（60mm）便已足夠。

【標準】如果斜樑的間隔較小，樑厚也會較薄，因此屋頂的多半能做得比和式屋架更薄。在結構用合板與屋頂裝潢打底用的屋面板加入透氣釘板條，確保30mm的透氣層。

【薄】如果想將斜樑露出，就使用外隔熱。結構用合板與屋面板間擺放透氣椽條（高120mm），確保透氣層。可說是最薄的屋頂結構。

了解斜屋頂與身高的關係

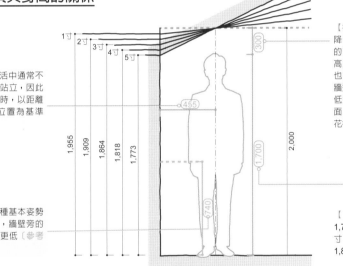

【標準】日常生活中通常不太會緊貼著牆壁站立，因此評估站立的高度時，以距離牆壁455mm的位置為基準恰到好處。

【低】像臥房這種基本姿勢不是直立的房間，牆壁旁的天花板還可以再更低〔參考82頁〕。

【標準】傾斜天花板是一種既能降低檐高，也能確保天花板高度的有效方法。但另一方面，牆邊高度與坡度的平衡如果沒抓好，也會給人侷促的印象。如果打造牆邊天花板高度不到2,000mm的低矮空間，請確保人站在距離牆面455mm的場所時，頭頂至天花板面的距離約為300mm左右。

【標準】假設人的身高為1,700mm，天花板的高度為4寸，那麼牆壁旁的高度即使只有1,800mm左右也不會有壓迫感。

二樓的地板厚度可以設定為400mm以下

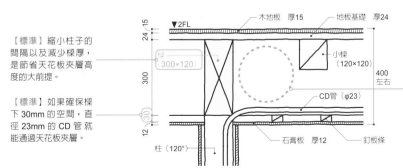

▼2FL
木地板 厚15
地板基礎 厚24
小樑（120×120）
300×120
CD管（φ23）
石膏板 厚12
釘板條
柱（120°）

【標準】縮小柱子的間隔以及減少樑厚，是節省天花板夾層高度的大前提。

【標準】如果確保樑下30mm的空間，直徑23mm的CD管就能通過天花板夾層。

【標準】樑的跨徑在廁所與浴室等空間較小，因此容易減少樑厚，但天花板夾層需要排氣管通過的空間。只要確保排氣管的路徑不會與樑垂直相交，就能將二樓地板厚度控制在400mm左右。

解說：i+i 設計事務所
※3 日本將需要隔熱的地區分成6個等級，這裡介紹的隔熱性能相當於等級4。

客廳‧餐廳以外的部分，天花板高度 2,100mm 就已足夠

【標準】二樓的客廳與餐廳，最好利用傾斜天花板確保天花板的高度 A

【標準】刻意將天花板的高度設定得較低（2,100mm），上方空間的閣樓也可以做為收納空間使用 A

【標準】即使因為天花板傾斜，導致廚房牆邊的天花板較低，從二樓地板面線到桁下端的高度，也至少必須要有 2,000mm。只要達到這樣的高度，就能避免抽油煙機的排氣管與桁互相干涉 [※1] A

▼最高高度

1,960 / 2,100 / 2,500 / 600

2.060 客廳

2.740 閣樓

10 / 3

10 / 6

1.400

920

廚房排氣管

桁

樓梯室

2.100 廚房 2.000

1.650

圍樑

兒童室 2.450

廁所

400

臥房 2.100

【標準】如果不鋪設天花板，直接露出內部結構，即使樓高 2,500mm，只要到樑上端的天花板高有 2,450mm 左右，就能在不增加樓高的情況下確保天花板高。如果將客廳、餐廳、廚房配置於一樓，無論有無裝潢天花板，只要以天花板的高度變化區隔空間，就能在空間中營造開闊感 A

【標準】考量到將來的保養維護，二樓的地板厚度必須有 400mm 左右，也必須避免管線與樑互相干涉〔參考 134 頁〕A

【標準】臥房與兒童室等居室，以及盥洗室、倉庫等的天花板高，即使只符合基準法的最低標準 2,100mm，也不容易產生侷促感 A

可有效運用天花板高度未滿 2,100mm 的空間

【標準】只要不以隔間物或牆壁區隔空間，確保天花板平均高度達到 2,100mm 以上，就能作為日本建築基準法所定之居室使用。只要天花板高度達到 1,800～2,000 左右，就足以當成書房或愛好室 A

客廳

▼2FL

書房

1.960 / 1.400 / 1.600

餐廳

2.200

〔低〕樓梯下方或 1.5 樓等，也可以作為天花板高 1,400mm 以下的收納空間或書房使用〔參考 96 頁〕B

解說：A 島田設計室、B NL Design 設計室
※1 如果使用「BFRS-3K」（富士工業），只要從二樓地板面線到桁下端的高度達到 2,000mm，排氣管就能在不與桁互相干涉的情況下排氣。

最低限度所需的天花板高度

考量到外觀給人的印象以及成本，建築物的高度最好不要超出必要。天花板高度與建築物的高度直接相關，因此能做得較低的地方，最好盡量花心思在降低高度的設計。天花板的裝潢方式與坡度等能夠影響天花板高度的印象，因此只要設計得當，即使天花板較低，也能營造不會讓人感到侷促的空間。

POINT 01

低價的 3m 柱材
也能挑高天花板

結構材的利用率，是決定天花板高度時重要的標準。因為只要將天花板設定為能夠充分利用市面流通的 3m 材 [※2] 的高度，就能有助於降低成本。反之，如果將天花板的高度設定得半上不下，就需要使用 4m 材，花費也會隨之增加。在此將介紹可使用 3m 材實現的天花板高度。

將客廳的窗邊一角，打造成天花板挑高的開放空間。藉由降低其他地方的天花板高度，更加強調客廳的挑高。

【標準】根據「SL－樑厚＋木地檻榫高＋樑榫高」評估柱長必要的尺寸。木地檻榫約 50 ～ 60mm，樑榫約 70 ～ 80mm，但為了保留加工餘裕，兩者的長度最好都估算為 100mm 左右。

【標準】由於使用 3m 材，從木地檻上端到樑上端的距離（SL）必須控制在 3,000 以下。雖然也與樑厚及是否裝潢天花板有關，但能夠確保約 2,760mm 的天花板高度。

【高】降低樓地板面線〔參考 122 頁〕或是不裝潢天花板，天花板的高度就能再更高。

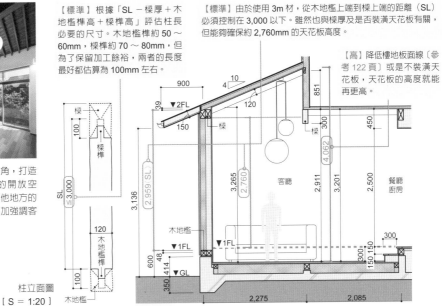

柱立面圖
[S = 1:20]

客廳截面圖 [S = 1:80]

POINT 02

天花板高 2,200mm
也能營造開放空間

現成的住宅用窗框中，最高的尺寸為 2,200mm。如果以此為基準設定天花板高，就能在控制建築物高度的情況下營造開放空間。從地板到天花板的開口部，不僅能夠讓天花板面明亮，也能有效增加採光。如果做成連窗，還能藉由強調水平方向的視線通透感，讓空間變得更開放。

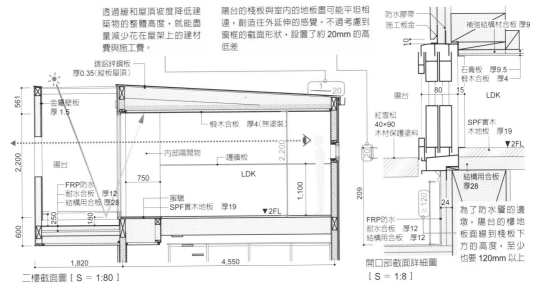

透過緩和屋頂坡度降低建築物的整體高度，就能盡量減少建材在屋架上的建材費與施工費。

陽台的棧板與室內的地板盡可能平坦相連，創造往外延伸的感覺。不過考慮到窗框的截面形狀，設置了約 20mm 的高低差。

二樓截面圖 [S = 1:80]

開口部截面詳細圖
[S = 1:8]

為了防水層的邊墩，陽台的樓地板面線到棧板下方的高度，至少要 120mm 以上

上　「北方之家」　設計：松本直子建築設計事務所、照片：小川重雄｜下　「鐵 HOUSE」設計：築紡

※2 流通建材的柱材規格為 3m、4m、6m

地板下 400mm 的空間不能浪費

如果是在木地檻與格柵托樑上直接鋪設地板的硬質樓板，距離木地檻上端約 40mm 高的地方就是一樓的樓地板面線。如果做成格柵型樓板，則一樓的樓地板面線還要再高 90mm，如此一來就會壓迫到天花板的高度。

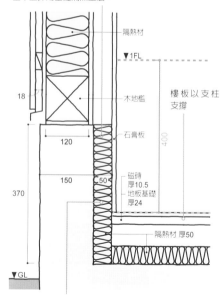

【標準】一般的地基，在地板下有高約 400mm 的空間。如果活用這個空間，就能在不增加樓高的情況下，將一樓的天花板挑高 300mm 左右。

【標準】一樓的樓高變高，樓梯的面積就會增加。小型住宅如果在一樓設置餐廳、客廳等，也可以只降低這個部分的樓地板面線，確保天花板的高度。

如果在地板基礎與木地檻設置厚 45mm 以上的承材，石膏板的下端不以螺絲固定，就能抑制板材變形，提高牆壁的耐力。

如果降低一樓的樓地板面線，必須注意不能截斷隔熱線

▷ 墊高牆壁使壁面對齊

如果一樓的樓地板面線比木地檻上端更低，將會堵住木地檻的透氣路徑，因此基本上採用基礎隔熱工法。

由於降低了一樓的樓地板高度，為了避免地基的邊墩部分變成熱橋，隔熱材的高度不超過木地檻的下端。

▷ 利用層板修飾牆壁的高低差

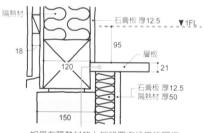

如果在隔熱材的上端設置收納用的層板等，就不會在意牆壁的高低差。

▷ 改變木地檻的重心位置將壁面對齊

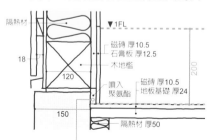

將木地檻的重心位置往屋內方向移動，並在隔熱線截斷的部分噴入聚氨酯。不過，木地檻重心改變的地基部分，最好不要配置承重牆。

如果將一樓的樓地板面線設定得較低，不需要增加一樓的樓高也能挑高天花板。即使只在部分空間運用這個手法，譬如將面對庭院的空間樓地板面線降低等，也能讓室內看起來更寬敞。如果降低樓地板面線，就能在不截斷地基邊墩附近隔熱線的同時，也追求考量地板下的透氣性與氣密性的設計。

解說：島田設計室

122

POINT 01

將地板高度降低 300mm，並且確保通風

如果將一樓的樓地板面線設定在比木地檻更低的位置，為了確保地板下方的透氣路徑，基本上採用基礎隔熱工法。不過如果花點工夫，地板隔熱工法也能確保地板下的透氣性。

彩色鍍鋁鋅鋼板小波板
釘條條 厚18
透溼防水膜
結構用面材 厚12

18
105
9

阻斷氣流的材料
杉板 厚15
隔熱材 厚50

▼1FL
407
260

150
15　杉板 厚15
結構用合板 厚24
隔熱材 厚50

▼GL

地基截面詳細圖 [S = 1:10]

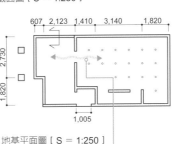

1,100
最高檐高

兒童室　臥室
2,100　2,150
2,100

客廳　餐廳　廚房
2,500
400 400
2,200
5,510
2,300

木棧板　300

截面圖 [S = 1:250]

607　2,123　1,410　3,140　1,820

2,730
1,820
1,005

地基平面圖 [S = 1:250]

一樓客廳的樓地板面線設定得比餐廳的低 300mm，縮短與面對南側的庭院與棧板之間的距離感。

為了確保結構體內的氣密性，木地檻與隔熱材之間設置阻斷氣流的材料。

確保地基邊墩的隔熱線高度達到木地檻上端。

為了確保客廳部分地板下的空氣流通，地基邊墩切開一個缺口，使餐廳、廚房與客廳的地板下空間連成一體。

降低樓地板面線，使客廳變成天花板挑高的開放空間。而客廳與餐廳的高低差，也成為像長椅一樣能夠讓人坐下的休息的場所。

POINT 02

如果要挖深地基，也不要大於 1m

除了降低一樓的樓地板面線之外，如果再將地基挖深，就能既降低建築物的高度，也能確保天花板的高度。這麼一來，即使在高度限制嚴格的建地，也能蓋到三層樓。只要地盤下挖的深度在 1m 以內，就能使用施工單管製作擋土柵，因此也能減少花費 [※]。

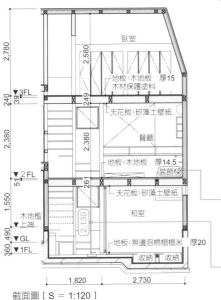

臥室
2,780　2,580

240
39
249
地板:木地板 厚15
木材保護塗料

天花板:矽藻土壁紙

2,380　2,380

餐廳

地板:木地板 厚14.5
裝飾樑

▼2 FL
51
261
2,130

天花板:矽藻土壁紙
和室

1,550

木地檻上端
▼GL
地板:無邊泡棉榻榻米 厚20

490
360
▼1FL

收納　收納

1,820　2,730

截面圖 [S = 1:120]

從樓梯看玄關。從玄關門（照片右後方）向下走 3 級樓梯的地方是玄關土間。

一樓天花板只有樑的下端露出，並漆上與天花板裝潢同樣的顏色。由於沒有結構材，所以天花板能夠挑高。

從 GL 到二樓樓板樑的高度雖然只有 2,000mm，卻能確保 2,130mm 的天花板高度。

1,700
1,620
洗衣機　浴室
玄關　和室
600 900
910
收納　壁櫥

910　910　1,820

一樓平面圖 [S = 1:200]

浴室的地板下方需要配管空間，和室的一部分則需要設置地板下收納，這 2 個部分的地基向下挖800mm。

上　「段間之屋」　設計：島田設計室、照片：牛尾幹太｜下　「FORT」　設計：JYU ARCHITECT 充綜合計畫、照片：石井雅義

※ 根據法規，從樓板面到地盤面的高度，為該樓層天花板高 1 / 3 以上的樓層，可視為地下室。

挑高面對的外牆必須注意風壓

▷ ①加裝繫樑

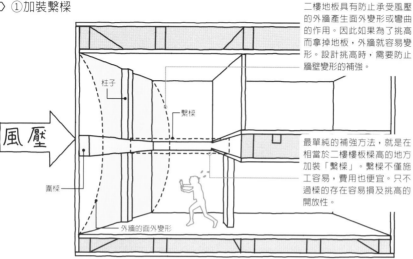

二樓地板具有防止承受風壓的外牆產生面外變形或彎曲的作用。因此如果為了挑高而拿掉地板，外牆就容易變形。設計挑高時，需要防止牆壁變形的補強。

柱子

繫樑

圍樑

風壓

外牆的面外變形

最單純的補強方法，就是在相當於二樓樓板樑高的地方加裝「繫樑」。繫樑不僅施工容易，費用也便宜。只不過樑的存在容易損及挑高的開放性。

▷ ②加大圍樑的寬度（W）

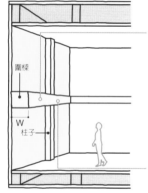

圍樑

W

柱子

寬度較寬的圍樑，也能防止外牆變形。

寬度較寬的柱子能夠防止外牆變形。柱子的截面與高度的關係，請參考表1。

但無論是方法②還是方法③，柱與樑都會比較突出，影響牆壁的美觀。需要採取一些對策將結構材隱藏起來，譬如墊高牆壁。

▷ ③加大柱子的寬度

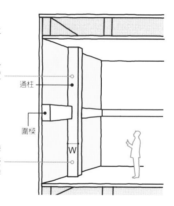

通柱

圍樑

W

表1 挑高面的柱子跨徑表

負擔寬度(mm) 柱長(mm)	455	910	1,365	1,820	2,275	2,730	3,185	3,640
	寬×高	寬×高	幅寬×高	寬×高	幅寬×高	寬×高さ	幅寬×高	寬×高
4,200	105×105	105×150	105×150	105×180	105×180	105×210	105×210	105×210
4,500	105×120	105×150	105×180	105×180	105×210	105×210	105×210	105×240
4,800	105×120	105×150	105×180	105×210	105×240	105×240	105×240	105×240
5,100	105×150	105×180	105×180	105×210	105×240	105×240	105×240	105×270
5,400	105×150	105×180	105×210	105×210	105×240	105×240	105×270	105×270
5,700	105×150	105×180	105×210	105×240	105×240	105×270	105×270	105×300
6,000	105×150	105×210	105×240	105×240	105×270	105×270	105×300	105×300

▷ ④用圍樑夾住 H 型鋼強化結構

這是方法②的應用。只要使用 H 型鋼補強圍樑，即使圍樑的寬度不寬，也能防止外牆變形。

只要在各樓層設置以 H 型鋼補強的圍樑，甚至可以挑高三層樓。

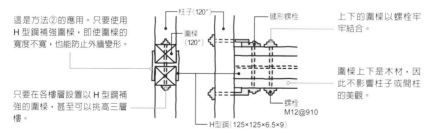

柱子(120°)

圍樑(120°)

鍵形螺栓

上下的圍樑以螺栓牢牢結合。

圍樑上下是木材，因此不影響柱子或間柱的美觀。

螺栓 M12@910

H型鋼（125×125×6.5×9）

住宅的截面追求確實掌握結構的設計。「挑高」「有斜樑的傾斜天花板」「夾層」等是雖然是運用高度的空間設計的代表手法，但無論哪一種手法都必須克服結構上的問題。這裡將針對這些手法說明結構上的注意點。

不安裝屋架樑也能防止傾斜屋頂垮下

▷ 斜樑形式的結構弱點

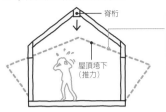

斜樑形式的屋架由於沒有屋架樑，能夠運用高度營造開放空間。不過，屋頂的負重容易導致脊桁彎曲，使得屋頂垮下變形。

▷ ①防止脊桁彎曲

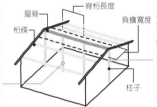

只要根據負擔寬度與長度確保適當的截面尺寸，就能防止脊桁彎曲。脊桁的截面愈寬，就愈能營造柱子少的開放空間。

支撐脊桁的柱子容易因為過長而彎曲。評估建材的尺寸時，請確保柱子的寬度是長度的 1 / 33 以上。

表2 脊桁的跨徑表（以寬 105mm 的金屬屋頂為例）

負擔寬度 (mm)	脊桁 (mm)	1,820	2,730	3,640	4,550	5,460
910	杉木 E70	105	150	180	210	270
	檜木 E90	105	120	180	210	240
1,365	杉木 E70	105	150	210	240	300
	檜木 E90	105	150	180	240	270
1,820	杉木 E70	120	180	240	270	330
	檜木 E90	105	150	210	270	300

▷ ②以水平樑防止垮下

在山牆側加裝水平樑，防止屋頂垮下。

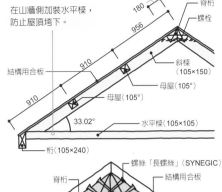

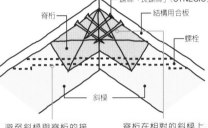

避免斜樑與脊桁的接合部散開非常重要，因此斜樑之間以螺栓拴緊，使其牢固接合。

脊桁在相對的斜樑上方，以凹凸軸組工法[※]接合。被分割成左右的脊桁，從兩側各以兩根長螺絲打入固定。

樓上夾層的高低差必須在 480mm 以內

▷ 夾層較難取得水平剛性

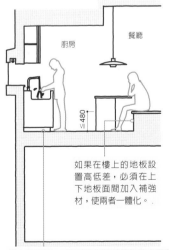

如果在樓上的地板設置高低差，必須在上下地板面間加入補強材，使兩者一體化。

樓上的地板，具有將作用於建築物的水平力均衡地傳達到一樓承重牆的作用。如果夾層等樓上的地板有高低差，使得地板面（水平結構面）缺乏整體性，就無法將水平力有效率地傳達到樓下。

▷ ①小的高低差利用厚300mm的樑連接地板

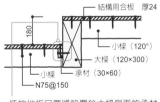

低的地板只要將設置於大樑側面的承材用螺絲鎖緊，固定結構用合板，就能使上下地板的水平構面一體化。

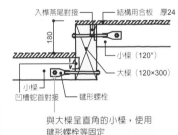

與大樑呈直角的小樑，使用鍵形螺栓等固定

▷ 大的高低差可使用厚300mm的樑×2，高低差最大可到480mm

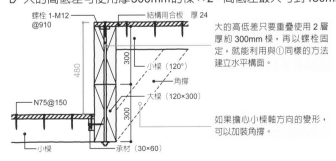

大的高低差只要重疊使用 2 層厚約 300mm 樑，再以螺栓固定，就能利用與①同樣的方法建立水平構面。

如果擔心小樑軸方向的變形，可以加裝角撐。

解説：山田憲明構造設計事務所

※ 其中一根木材與另一根木材呈直角相疊的搭接方法。在上下兩根木材挖出溝槽組合起來，這時脊桁跨接在斜樑上。

運用垂直空間的空調計畫模式

▷ 冷氣＋循環扇打造涼爽的夏天

作為病態建築對策的通風口吹進來的熱風如果吹到人身上，就會增加不舒服的感覺。如果在空調正下方設置通風口，外面的空氣與空調送進來的空氣就會彼此混和，消弭溫差並帶來舒適感。開暖氣的時候，空調朝正下方吹出的熱風與來自外面的冷風恰到好處地混和在一起。

二樓冷氣最低限度需要的性能，參考表 2 以概算熱負載（W／m²）×樓地板面積（m²）算出，而樓地板面積也包含了挑高的部分。在本圖的規模當中，二樓一般部分為 21m²，挑高部分為 10 m²，因此需要 200W／31 m²，也就是 6.2kw 以上的空調。

表 1 居室面積與扇葉外徑 [※1]

居室面積	扇葉外徑（mm）
～ 9 m²	910
～ 20 m²	1,070
	1,220
～ 36 m²	1,370
～ 56 m²	1,420
	1,520

二樓空調的冷氣會從挑高往下層下降，因此使用有反向旋轉功能的吊扇等，使空氣往上方對流。吊扇的扇葉外徑多半為 900 ～ 1,100mm，但還是必須考慮送風效率，選擇適合居室面積的尺寸〔表 1〕。

如果挑高較高，上層空調也具備 1 層樓的能力，可以只設置 1 台冷氣。以這張圖的規模來看，根據二樓面積 40 m² 加上一樓面積 31 m² 共 71 m² 計算，需要 200W／m²×71 m² ＝ 14.2kw 以上的空調。

循環扇
通風口
房間
吊扇
玄關
LD
循環扇
隔熱材：現場發泡硬質聚氨酯　厚50

表 2 冷氣負載概算值

房間種類	窗戶方向	概算熱負載（W／m2）	
		冷氣	暖氣
集合住宅或獨棟住宅的起居室（隔熱等級 3 以上，有 60cm 的屋簷，起居室上方有屋頂的情況）[※2]	面東	220	180
	面西	240	
	面南	200	
	面北	180	

▷ 使用暖氣與地板暖氣讓房間暖洋洋

如果沒有設置吊扇，可以將循環扇配置於房間中央，朝著正上方送風。如此一來，滯留於天花板附近的暖氣，就能有效率地循環到下方。

通風口
房間
循環扇
吊扇
玄關
LD
地板暖氣
隔熱材：現場發泡硬質聚氨酯　厚50

天花板高 2,500mm 以上的居室，使用吊扇與循環扇等空氣循環機提升暖氣效率。

如果腳底會冷，可以加裝地板暖氣補足。因為輻射熱的關係，從地板到人坐在椅子上的高度（約 1,150mm）之間的空間，能夠將室溫加溫到約 20℃。如果能夠消弭室內的溫度差，空調的溫度也能設定得較低，節能效果可期。

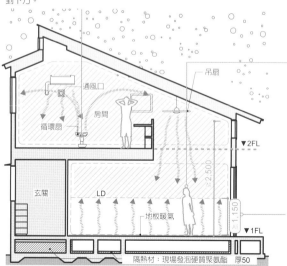

※1 參考「Hunter 2018catalog」（Hunter Fan Company）製作
※2 如果樓上為居室，修正值會不同。

熱空氣上升，冷空氣下降。因為這樣的性質，天花板較高的空間以及有挑高的房子，容易在上下層之間產生溫差。不過如果反過來利用這樣的現象，只要一部空調就能打造冷暖氣效率高的居住空間。這裡將介紹運用垂直空間的空調計畫方法。

空調暖氣＋集熱導管風扇將暖風帶進家中

將集熱導管的吸入口設置於容易累積暖風的室內最上方，是提升暖氣效率的秘訣。

溫度感應器感應到一定以上的溫度，集熱風扇就會運作。如果溫度設定得過高，風扇就不會運作，因此以 15～20℃為佳。空氣隨時循環，一整年都能有舒適的環境。

活用室內上方的暖氣，可以讓集熱導管在二樓天花板附近運轉，往一樓的地板下送風。像照片中的案例那樣隱藏於收納內，就不會損及美觀。設置費用也較便宜，大約 20 萬日圓即可。

集熱導管從二樓吸入的暖風，溫暖一樓地板下之後再通過窗戶旁的出風口回到室內。暖風與上升氣流能夠溫暖窗面，因此也能防止冷風。

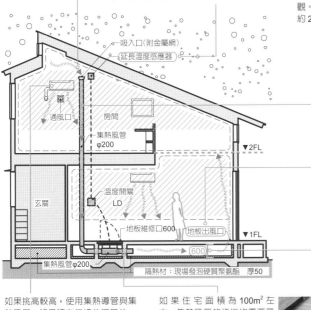

（圖中標示）
吸入口（附金屬網）
延長溫度感應器
通風口
房間
集熱風管 φ200
▼2FL
玄關
溫度開關 LD
地板維修口600
地板出風口
▼1FL
集熱風管 φ200
隔熱材：現場發泡硬質聚氨酯　厚50
600

地板出風口

如果挑高較高，使用集熱導管與集熱風扇，將累積在二樓的暖風往一樓底板下送風，就能提升暖氣效率。如果上層的空調有一層樓的性能，也可以只設置一部暖氣。

如果住宅面積為 100m² 左右，集熱風扇的性能約需要風量 300～400 m³／h，靜壓 60～80P 左右。可設定挑高空間的氣積每小時換氣 1～2 次的風量。

如果使用地板下暖氣，考慮設備機器的尺寸，地板下至少要確保 600mm 以上的高度。此外，為了避免暖風送散，在地基內側使用現場發泡硬質聚氨酯（厚 50mm 以上）等，做好扎實的氣密處理。

提升高側窗的通風＋防犯性

雖然地域也有影響，但希望風吹進室內的夏季，一般吹的是南風。再者，送風用的窗戶，與作為排氣用的窗戶之間的高低差（H）愈大，重力換氣 [※3] 效果也愈好，因此將挑高配置於南側，一樓設置送風用的窗戶，北側二樓設置排氣用的高側窗，通風效率就會更好。這麼一來就不需要空調，因為高側窗能在夏季排出熱氣，冬天也能排出濕氣防止結露。

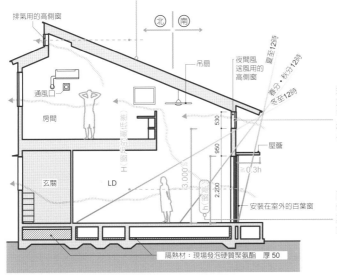

（圖中標示）
排氣用的高側窗
北　南
吊扇
夜間風送風用的高側窗
通風口
房間
夏至12時
春分・秋分12時
冬至12時
玄關　LD
屋簷
530
950
2,200
3,000
0.3h
安裝在室外的百葉窗
隔熱材：現場發泡硬質聚氨酯　厚50

送風用的窗戶，在春、秋兩季尤其希望隨時開放。但不免讓人擔心宵間的防犯問題。這時可以在南面也設置送風用的高側窗。如果高 3,000mm 左右，就不需要擔心宵小輕易入侵，也能確保與北側排氣用的窗戶之間的高低差。

南面的屋簷與出檐，理想高度為窗高（h）的 0.3 倍以上。但太陽高度較低的東西面，幾乎無法期待屋簷的日照效果，因此在屋外設置百葉窗或格柵窗等遮擋外部光線的效果較佳。

解說：山田浩幸
照片：「練馬 Y 邸」　設計：Yamada machinery office　設計：山田浩幸（上層、下層）、西山輝彥（中層）
※3 利用空氣溫度上升就會往上層移動，溫度下降就會往下層移動的性質的自然通風法

地板下空調的機器最好設置於樓地板面線正上方

地板下空調使用的壁掛式機器最好設置於地板附近。不僅施工簡便，也容易清理與更換。地板下空調為了保養維護，至少也必須確保 330mm 的高度。如果太高會導致熱量滯留，妨礙蓄熱，因此以 700mm 為限。加裝「Counterarrow Fan」（三菱電機）[※1] 或「微風」（環境創機）[※2] 等的循環機，就能讓家中更舒適。

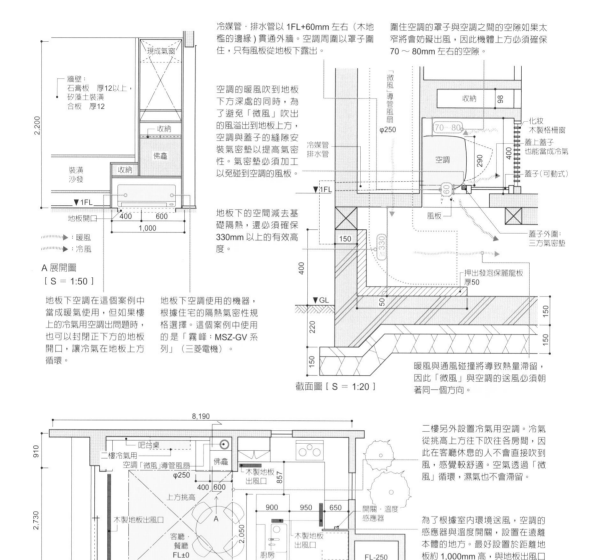

冷媒管‧排水管以 1FL+60mm 左右（木地檻的邊緣）貫通外牆。空調周圍以罩子圍住，只有風板從地板下露出。

空調的暖風吹到地板下方深處的同時，為了避免「微風」吹出的風溢出到地板上方，空調與蓋子的縫隙安裝氣密墊以提高氣密性。氣密墊必須加工以免碰到空調的風板。

地板下的空間減去基礎隔熱，還必須確保 330mm 以上的有效高度。

圍住空調的罩子與空調之間的空隙如果太窄將會妨礙出風，因此機體上方必須確保 70～80mm 左右的空隙。

A 展開圖 [S = 1:50]

牆壁：
石膏板　厚12以上，
矽藻土裝潢
合板　厚12

現成氣窗
收納
佛龕
收納
裝潢沙發

▼1FL
地板開口
400　600
1,000

〜〜〜〜：暖風
〜〜〜〜：冷風

地板下空調在這個案例中當成暖氣使用，但如果樓上的冷氣用空調出問題時，也可以封閉正下方的地板開口，讓冷氣在地板上方循環。

地板下空調使用的機器，根據住宅的隔熱氣密性規格選擇。這個案例中使用的是「霧峰：MSZ-GV 系列」（三菱電機）。

「微風」導管風扇 φ250
收納　98
化妝　木製格柵窗
蓋上蓋子也能當成冷氣
空調
蓋子（可動式）
冷媒管排水管
▼1FL
風板
蓋子外圍：三方氣密墊
押出發泡保麗龍板　厚50
▼GL

截面圖 [S = 1:20]

暖風與通風碰撞將導致熱量滯留，因此「微風」與空調的送風必須朝著同一個方向。

一樓平面圖 [S = 1:100]

8,190
吧台桌
二樓冷氣用空調「微風」導管風扇 φ250
佛龕
木製地板出風口
上方挑高
400　600
木製地板出風口
客廳餐廳 FL±0
開關‧溫度感應器
廚房
木製地板出風口
下方收納
寢室 FL±0
倉庫
木製地板出風口
玄關 FL-250
廁所 FL-250
盥洗更衣室

二樓另外設置冷氣用空調。冷氣從挑高上方往下吹往各房間，因此在客廳休息的人不會直接吹到風，感覺較舒適。空氣透過「微風」循環，濕氣也不會滯留。

為了根據室內環境送風，空調的感應器與溫度開關，設置在遠離本體的地方。最好設置於距離地板約 1,000mm 高，與地板出風口隔開，且不會直接照射到日光，溫度穩定的場所。

地板出風口能夠讓暖氣均勻吹到整間房子，最好所有房間都設置。尤其必須設置在開口部周圍以防止冷風，以及廁所與盥洗室以預防熱休克。

「北村邸」　設計：北村建築工房　※1 通風管用換氣送風機。風的方向相同，並於同軸上配置 2 片反向旋轉的風扇。｜ ※2 一種被動太陽能系統。聚集於屋頂面的熱，透過導管風扇導入地板下的水泥儲存，能夠循環運轉。｜ ※3「放眼 2020 年的住宅高斷熱化技術開發委員會」簡稱，該會以住宅性能等的技術開發與普及推廣為目的。

POINT 02

地板下空調的配置模式

如果想要提升地板下空調的暖氣效果，將部分空調埋在地板下也是一個方法。如果提高吹入口附近的氣密性，就能施加送風壓，地板下就會立刻溫暖起來。若是全年使用，就設置在地板上，這麼一來夏天也能從地板下往室內吹出冷風。不過這種情況，如果不確保符合 HEAT20 [※3] 標準 G2 以上的 UA 值 [※4]，就無法得到效果，因此隔熱．氣密工程不能偷懶。

▷ 一半埋在地板下（暖氣專用）

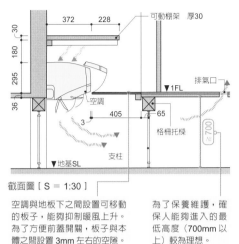

截面圖 [S = 1:30]

空調與地板下之間設置可移動的板子，能夠抑制暖風上升。為了方便前蓋開關，板子與本體之間設置 3mm 左右的空隙。

為了保養維護，確保人能夠進入的最低高度（700mm 以上）較為理想。

▷ 配置於地板上（冷暖氣併用）

空調設置於地板上 100mm 之處。這是利用風板切換送風方向，將風送往地板上或地板下恰到好處的高度。為了防止短路，在本體上方也設置 100mm 的空隙。

考慮冷氣的送風效率，安裝於空調前面磁吸式格柵窗（開口率 70%）下方，空出 110mm 的空隙。

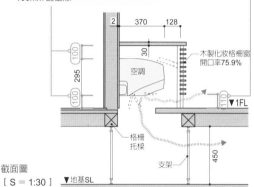

截面圖
[S = 1:30]

POINT 03

土壤蓄熱式暖氣的底板最好厚 150mm 以上

如果使用土壤蓄熱式地板暖氣 [※5]，可以直接將砂漿打在地基上，裝潢成土間地板。從蓄熱觀點來看，樓板的厚度最好有 150mm 以上。這個案例中，一樓的大部分是砂漿裝潢的土間空間，小部分則設置架大型樹地板，作為客廳、廚房、餐廳使用。如果將二樓的一部分做成挑高，一樓地板的輻射熱也能溫暖二樓部分，效果更好。

樓板下的發熱板與管線路徑如果互相干涉，就會破壞模組導致暖氣效率不佳。排水管線請盡量集中。

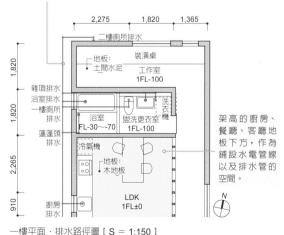

一樓平面．排水路徑圖 [S = 1:150]

架高的廚房、餐廳、客廳地板下方，作為鋪設水電管線以及排水管的空間。

為了避免儲存於地板下的熱逸散，地基邊墩部分填入厚 50mm 的舒泰龍，做好確實的外隔熱。

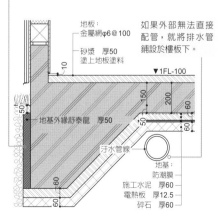

地基截面圖 [S = 1:25]

如果外部無法直接配管，就將排水管鋪設於樓板下。

上左 「野原之家」 設計：能源社造公司，上右：「真鶴之家」設計：MIKAN Architects ｜ 下「SRN」 設計：no.555

※4 外皮面積除以從住宅內部到外部的熱損失合計得到的值。 ｜ ※5 將地基下方的土壤當成蓄熱材使用，使整棟房子保持室溫的暖氣系統。

廚房通風 400mm，用水處的通風 300mm

為了防止從排煙罩下方噴入的雨水，或排氣管內部產生的露水滴進室內，排氣管需要做朝著外部往下傾斜 1 / 100 以上的坡度，送氣管需要 1 / 30 以上的坡度。

一般抽油煙機用的排氣管只需要 φ150，但考慮到外部應該會捲上防火隔熱材，請將外徑估算為 φ250 左右。除此之外，考慮到上方的吊掛空間，以及下方的銜接空間，天花板夾層需要 375mm 以上的高度。

天花板嵌入式通風扇的本體高度依所需性能而異，約 184～240mm。浴室乾燥機的本體高度根據對應的間數而異，1 間約為 170mm，2 間約為 240mm。除了這些器具的高度之外，天花板夾層的高度還需要加上 50mm 的吊掛空間。

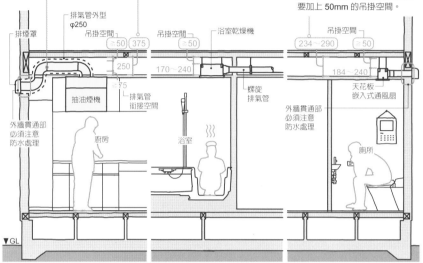

安裝空調的天花板夾層配管坡度規定為 1 / 50

天花板嵌入式空調能夠自由配置，因此容易規畫照明與空調。但另一方面，室內機的位置愈接近房間中央，離室外機就愈遠，為了確保鋪設於天花板夾層內的冷媒管、排水管的坡度（1 / 50），天花板夾層的高度也會增加，因此必須注意。

壁掛式空調與天花板嵌入式空調一樣，必須考慮天花板內管線需要的坡度。此外，室內機本體的上下左右必須設置 50mm 以上的空隙。

受到高度尺寸影響的不只室內機。一般室外機的高度約 500～600mm。設置空間狹小的室外機如果安裝上下兩層，也會影響設置於該位置壁面的開口部。

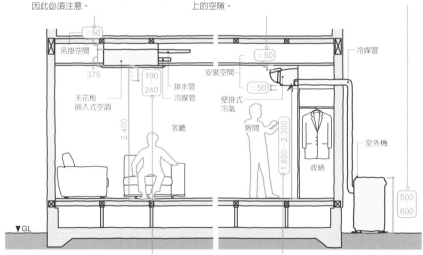

如果是格柵 [※1] 能夠開關的機器，維修時機器下方需要 190～240mm 左右的開關空間，因此配置家具與收納時也必須一起評估。

設置壁掛式空調的空間，考慮到冷暖氣的循環以及遙控器的操作，天花板高度最好在 2,400mm 以內。安裝高度最好距離地板 1,800～2,300mm，冷氣正下方也可作為收納。用起來不方便的收納上部空間，可作為排氣管通過的空間使用。

解說：山田浩幸
※1 使用於空氣調和與通風的出風口、排風口的格子狀金屬板。

評估高度尺寸時，往往會認為隱藏起來的空調設備與管線，只需最小限度的必要空間便已足夠。但機器本體與管線必須考量施工性、維護性、漏水對策等，以確保最適當的高度，而不是勉強能夠塞進去的空間。這裡將說明各種設備的管線、機器的尺寸，以及施工必要的高度。

POINT 01

天花板嵌入式
空調資料集

天花板嵌入式空調一般給人營業用的印象，但近年來愈來愈多單房的屋主希望有效率地使用房間，因此開始出現住宅也能使用的小功率天花板嵌入式空調。不過，也有一些機種需要300mm以上的天花板夾層，因此必須注意避免與樑互相干擾。

▷ 天花板嵌入式室內機的基本尺寸

雖然尺寸依廠商而異，但室內機外緣必須距離外牆1,000mm，如果不是外牆也需要有100～200mm左右的空間。

▷ 天花板嵌入式室內機‧室外機的高度尺寸

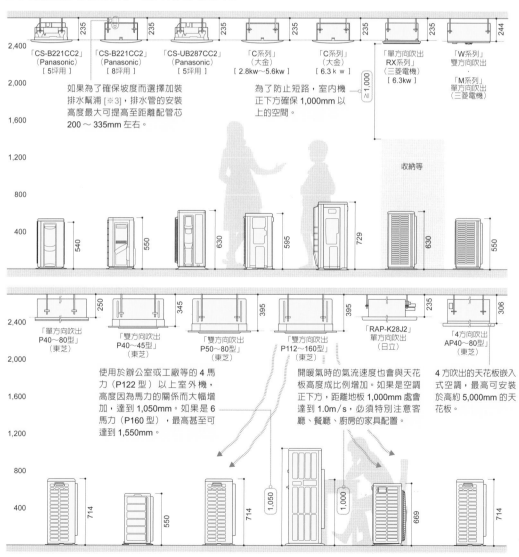

※2 顯示與維修口的距離。　|　※3 以幫浦裝置將排水管的水往上打，確保配管排水必須的向下坡度。

天花板通風扇與
浴室乾燥機資料集

近年來愈來愈多人不希望將洗好的衣物晾在戶外。因此兼具暖氣、通風、乾燥等三合一功能的浴室乾燥機,已經和天花板嵌入式通風扇一樣成為新建住宅的標準通風設備。如果想要安裝得恰到好處,在評估尺寸時,除了機器本身的尺寸之外,也必須將周圍排氣管的空間一併考慮進去。

▷ 排氣管的最大彎曲尺寸

彎曲角度 90°以下。如果銜接管 φ100,至少也需要 150mm 的管線鋪設空間。

R=100 以上

90°以下

「螺旋排氣管90 彎曲銜接管」(TOKIN)

▷ 天花板嵌入式通風扇

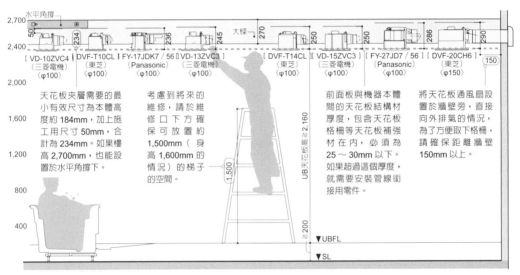

[VD-10ZVC4]（三菱電機）〈φ100〉
[DVF-T10CL]（東芝）〈φ100〉
[FY-17JDK7 / 56]（Panasonic）〈φ100〉
[VD-13ZVC3]（三菱電機）〈φ100〉
[DVF-T14CL]（東芝）〈φ100〉
[VD-15ZVC3]（三菱電機）〈φ100〉
[FY-27JD7 / 56]（Panasonic）〈φ100〉
[DVF-20CH6]（東芝）〈φ150〉

天花板夾層需要的最小有效尺寸為本體高度約184mm,加上施工用尺寸50mm,合計為234mm。如果樓高2,700mm,也能設置於水平角撐下。

考慮到將來的維修,請於維修口下方確保可放置約1,500mm(身高1,600mm的情況)的梯子的空間。

前面板與機器本體間的天花板結構材厚度,包含天花板格柵等天花板補強材在內,必須為25～30mm以下。如果超過這個厚度,就需要安裝管線銜接用零件。

將天花板通風扇設置於牆壁旁,直接向外排氣的情況,為了方便取下格柵,請確保距離牆壁150mm以上。

▷ 浴室乾燥機

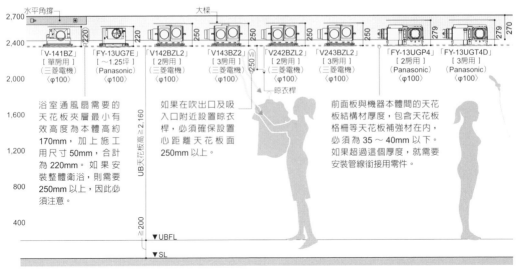

「V-141BZ」[單房用]（三菱電機）〈φ100〉
「FY-13UG7E」[～1.25坪]（Panasonic）〈φ100〉
「V142BZL2」[2房用]（三菱電機）〈φ100〉
「V143BZ2」[3房用]（三菱電機）〈φ100〉
「V242BZL2」[2房用]（三菱電機）〈φ100〉
「V243BZL2」[3房用]（三菱電機）〈φ100〉
「FY-13UGP4」[2房用]（Panasonic）〈φ100〉
「FY-13UGT4D」[3房用]（Panasonic）〈φ100〉

浴室通風扇需要的天花板夾層最小有效高度為本體高約170mm,加上施工用尺寸50mm,合計為220mm。如果安裝整體衛浴,則需要250mm以上,因此必須注意。

如果在吹出口及吸入口附近設置晾衣桿,必須確保設置心距離天花板面250mm以上。

前面板與機器本體間的天花板結構材厚度,包含天花板格柵等天花板補強材在內,必須為35～40mm以下。如果超過這個厚度,就需要安裝管線銜接用零件。

解說:山田浩幸

POINT 03

二樓整體衛浴的地板下方與天花板夾層

根據廠商的標準，設置整體衛浴需要的地板下尺寸為 300～480mm。天花板夾層也需要 380[※1]～400mm 的空間以處理管線的鋪設。但受到斜線限制等影響，若將浴室設置於二樓以上，就必須透過地板下或天花板夾層調整檐高。如果二樓檐高無法確保 2,600mm 左右的高度，就必須進行樑貫通處理。

▷ 降低地板的情況

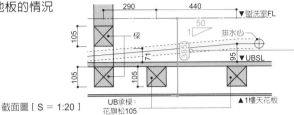

截面圖 [S = 1:20]

UB承樑：花旗松105

如果採用低地板式 [※2] 的整體衛浴，地板下只需要 200mm 的空間就能處理排水管線。承材採用 105mm 的花旗松角材，就將地板下尺寸控制在 400mm 以下。

▷ 架高地板的情況

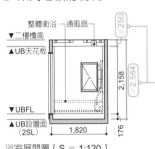

浴室展開圖 [S = 1:120]

倘若 1 樓是大空間且樑厚較厚，考量到空間的氣派感，就必須架高浴室的地板。假設天花板夾層為 250mm（根據廠商標準），樓高就需要 2,600mm 左右。

▷ 以鋼製水平角撐換取浴室天花板夾層空間

浴室展開圖 [S = 1:120]

如果無法確保樓高，可以使用鋼製水平角撐換取天花板夾層內的空間。管狀水平角撐的直徑約 φ34mm，比使用角材的水平角撐節省 56mm，這麼一來就能確保管線與維修空間。

POINT 04

瓦斯烘衣機在上方，洗衣機在下方

不需施工就能安裝的瓦斯烘衣機的需求逐漸增加。如果設置於洗衣機上方，不僅能夠活用容易閒置的天花板附近空間，洗淨結束後也方便移動衣物。但如果在直立式洗衣機上方設置瓦斯烘乾機，天花板大約需要 2,300mm 左右的高度。如果有需要，最好也利用水平空間，不僅方便使用也兼顧美觀。

▷ 如果無法確保天花板高度

盥洗更衣室展開圖・截面圖 [S = 1:120]

傾斜天花板等無法確保天花板高度的情況，將洗、烘衣機左右錯開配置也是一個方法。瓦斯烘衣機下方的高度剛好能夠收納吸塵器。

▷ 如果能夠確保 2,300mm 以上的天花板高度

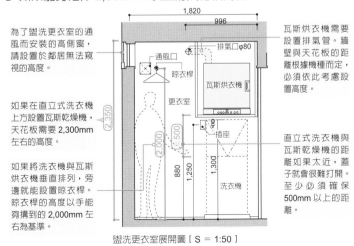

盥洗更衣室展開圖 [S = 1:50]

為了盥洗更衣室的通風而安裝的高側窗，請設置於鄰居無法窺視的高度。

如果在直立式洗衣機上方設置瓦斯乾燥機，天花板需要 2,300mm 左右的高度。

如果將洗衣機與瓦斯烘衣機垂直排列，旁邊就能設置晾衣桿。晾衣桿的高度以手能夠搆到的 2,000mm 左右為基準。

瓦斯烘衣機需要設置排氣管。牆壁與天花板的距離根據機種而定，必須依此考慮設置高度。

直立式洗衣機與瓦斯乾燥機的距離如果太近，蓋子就會很難打開。至少必須確保 500mm 以上的距離。

上「UMIZO HOUSE」、下右「演奏和音之家」、下左「繽紛之家」設計：北村建築工房｜下中「棧板之家」設計：Asunaro 建築工房、下右「鎌倉・大町之家」設計：NL Design 設計室
※1 這是能夠隱藏樑厚 360mm 的樑的最小尺寸｜※2 這個案例中使用「sazana 系列 S」（TOTO）的類型。

排水管計畫的基本

雖然一般而言，建築物內的標準排水坡度為 1 / 50，建築物外為 1 / 100，但異物容易堵塞的小口徑排水管，需要更大的坡度。

地板夾層至少需要確保 200mm 以上的有效高度，否則將難以容納排水管。如果二樓以上設置傳統工法的浴室，為了防水處理，則需要 300mm 以上。

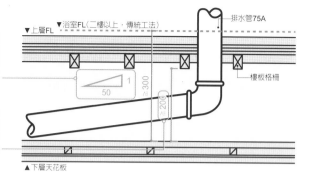

▼上層FL　▼浴室FL（二樓以上・傳統工法）　排水管75A
1/50　≧300　≧200　樓板格柵
▲下層天花板

一般多半採取將廁所的汙水，與廚房及浴室的雜項排水分流的方式，因此需要 2 支排水立管。若排水立管來自三樓以上，為了調整排水管的壓力，最好另外設置通氣管[※]。由於加裝了通氣管，因此管線間需要能夠容納 3 支立管的空間。

排水通氣管的開口，務必位於比該樓層最高的衛生器具的高度線（溢流線）高150mm 以上的上方。

若通氣管通過排水橫管，地板夾層需要 300mm 以上的有效高度。排水管彼此交叉時也一樣，雖然也與交叉的高度有關，但同樣必須確保300mm 以上的高度。

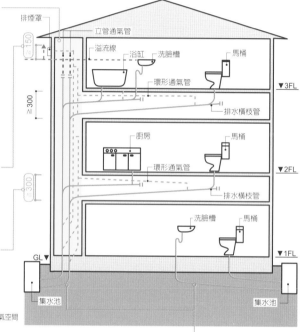

排煙罩　立管通氣管　≧150　溢流線　浴缸　洗臉槽　馬桶　環形通氣管　▼3FL　排水橫枝管
≧300　廚房　馬桶　環形通氣管　▼2FL　排水橫枝管
≧300　洗臉槽　馬桶　▼1FL　GL▼　集水池　集水池

　：管線間
　：地板下排水・通氣空間

為了避免排水管發生堵塞時，排水從 1 樓的器具類噴出，原則上來自二樓以上的排水立管與 1 樓（最底層）的排水管不合流。

通氣管的開口高度比樓高的上端還要高 600mm 以上

通氣管朝屋外大氣開放的部分，會飄出下水道管的臭味。因此開口處（末端）必須設置於比房間的窗戶、通風口、出入口上端還要高 600mm 以上的位置。

如果將通氣管的開口端設置於高600mm 以上的位置，通氣管的開口部與出入口等的水平距離必須大於3,000mm。

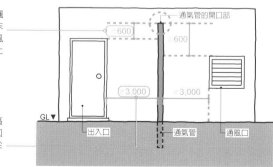

通氣管的開口部　600　600
出入口　3,000　3,000　通風口
GL▼　通氣管

※1 使排水管內的空氣流動，減緩管內壓力變動的管線。可使用重力式設備配管。

排水管安裝於地板下所需的尺寸，取決於配管口徑與排水管的坡度。雖然可以看到有些案例為了確保坡度，直接將排水管埋進地基下方，但這麼一來日後就無法維護，因此絕對禁止。充分考慮維護性，確保合理的管線鋪設空間非常重要。

廁所排水管的地板下夾層高度至少 180mm

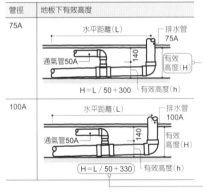

排水立管
①壁排水的情況
管線間
排水橫枝管
75A
FL▼
1/50
≧180
②地板下排水的情況
水平距離（L）
100～155

地板下配管需要的有效高度，可透過配管的水平距離（L）乘以坡度求得。距離排水的合流地點愈遠，需要的坡度高也愈高，因此衛生器具盡可能配置於管線間附近。如果是一般的汙水配管（75A），地板夾層至少需要 180mm [※2] 的有效尺寸。

若是壁排水，排水高度與樓地板面線的距離分別有100mm、120mm、155mm 的類型。新建案多半以 120mm 為標準規格。

傳統浴缸（二樓以上）安裝於地板夾層的高度

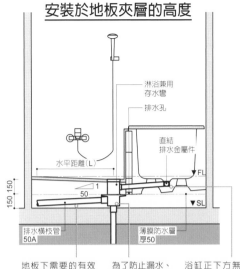

淋浴兼用存水彎
排水孔
直結排水金屬件
水平距離（L）
FL
1/50
150 150
▼SL
排水橫枝管
50A
薄膜防水層厚50

地板下需要的有效高度與排水管的水平距離（L）成正比，水平距離愈大，所需高度就愈高。決定尺寸時參考排水管長度×坡度（1／50 以上）。

為了防止漏水、臭氣、堵塞，浴缸正下方不接受排水，而是使用淋浴兼用存水彎（附防水盤）等。

浴缸正下方無法維護，因此浴缸排水使用直結排水金屬件（水平）連接。

環形通氣管 [※3] 必要的有效高度

管徑	地板下有效高度	
75A	水平距離（L）／排水管75A／通氣管50A／140／有效高度（H）／H＝L／50＋300／有效高度（h）	由水平距離（L）與坡度求出的有效高度（h），再加上環形通氣管 50A 設置高度140mm 所得到的數值。若排水管 75A，也可使用通氣管 40A。
100A	水平距離（L）／排水管100A／通氣管50A／140／有效高度（H）／H＝L／50＋330／有效高度（h）	環形通氣管的口徑尺寸為排水橫枝管的一半（最小口徑只到40A）。若排水管尺寸為100A，則環形通氣管為50A。

管徑尺寸與用途

管徑		主要用途
65A (60)		廚房、浴室
75A (89)	100A (114)	馬桶
125A (140)	150A (165)	屋外排水

排水管的尺寸取決於衛生器具的接續口徑，根據用途有一般規格。但即使是接續口徑 30A 的器具，配管的最小口徑依然為 40A 以上。考慮堵塞與透氣，也可以使用比一般還要大 1 級的尺寸。

地板下設置排水管的必要有效高度

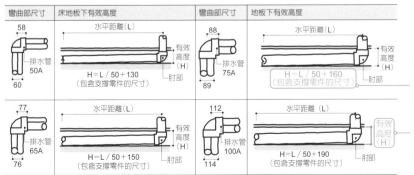

彎曲部尺寸	床地板下有效高度	彎曲部尺寸	地板下有效高度
58 / 排水管50A / 60	水平距離（L）／有效高度（H）／肘部／H＝L／50＋130（包含支撐零件的尺寸）	88 / 排水管75A / 89	水平距離（L）／有效高度（H）／肘部／H＝L／50＋160（包含支撐零件的尺寸）
77 / 排水管65A / 76	水平距離（L）／有效高度（H）／肘部／H＝L／50＋150（包含支撐零件的尺寸）	112 / 排水管100A / 114	水平距離（L）／有效高度（H）／肘部／H＝L／50＋190（包含支撐零件的尺寸）

由坡度的必要高度，加上支撐零件最小尺寸120mm，再加上10mm 的間距求出。65A 以上，只要加上與 50A 的肘部尺寸差距即可。

管徑 125A，可用管徑 100A 算出的必要有效高度＋30mm 估算。

解說：山田浩幸

※2 將水平距離（L）設為 1,000mm 算出 ｜ ※3 確保 1 支排水橫枝管銜接的 2 個以上存水彎的封水深度的 1 支通氣管。

用於清洗餐具、洗臉、洗澡……熱水設備在日常生活不可或缺。近年來除了瓦斯之外，還有利用大氣中熱能的熱泵式熱水器等許多選擇。希望大家在配置熱水器與鋪設管線時，能夠掌握家庭中使用熱水的時機、場所與水量，並注意機器與配管的限制，將熱水設備的位置與管線配置得舒適有效率。

熱水器本體與周圍的距離

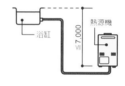

排出熱風的排氣口附近不可放置可燃物。必須確保充分的距離（距離機器本體左右150mm以上，排氣口上方300mm以上，下方150mm以上）。

為了防止排氣口排出的氣體與熱氣流入屋內，請勿於排氣口上方300mm、下方150mm、左右各150mm、前方600mm以內的範圍設置開口部。但如果排氣口至開口部的實際長度（圖中的A）為600mm以上，就可以設置。

重新加熱配管的高低差容許範圍

▷ 浴缸的位置比熱源機低　　▷ 浴缸的位置比熱源機高　　▷ 浴缸與熱源機之間有障礙物

熱源機下端至循環口的距離為3m以內，重新加熱的配管長度盡量控制在15m以內。配管愈長，不僅注入熱水愈花時間，重新加熱的能力也愈差。

如果浴缸設置於樓上，基本上從熱源機下端至浴缸上端的高度必須在7m以內。

管線鋪設在天花板內，到浴室周圍再往下走等必須跨越障礙物的ㄇ字形配管，高低差請分別控制在3m以內。

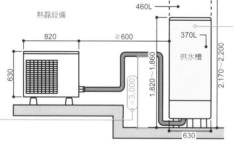

熱泵式熱水器設置高度的基本

如果熱磊設備與供水槽分開設置，配管的全長必須控制在5m以下，彎曲最多5處。不要有ㄇ字形配管，或者最多1處，高低差控制在3m以內。另一方面，如果相鄰配置，為方便保養維護，機器之間請確保600mm以上的空間。

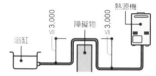

供水槽的尺寸依容量而異。如果是主要廠商，市面上可以看到的容量有2種。3～4人家庭建議使用370L，5～7人建議使用460L。

同一層樓之外的浴缸設置高度限制

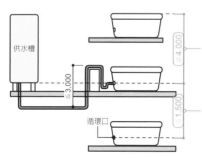

如果將浴缸設置於樓上，一般機種（供水壓力約200kPa）的儲水槽安裝面至浴缸上端若為4m以內則可安裝。最近市面上也販賣比過去的高壓類型更強力的機種（供水壓力約320kPa），如果使用這類機種，可安裝於4～7m的範圍內，三樓的浴缸也可使用自動供水蓮蓬頭。

位置比供水槽更低的浴缸，只要儲水槽安裝面至循環口的距離為1.5m以內即可自動供水。

解說：山田浩幸

插座與開關的基本高度

冰箱用插座配置於比冰箱上端更高的位置。只要設置於眼睛容易看到，也容易打掃的高度，就能防止因灰塵附著而導致電線走火。

空調的插座中心線對齊管線接頭的中心，並設置於天花板面下方 150mm 處。

有高齡者的家庭，如果考量到日後體能衰退的狀況，為了減輕腰腿的負擔，可以分別設置在比基本高度更接近身體約 200mm 左右的位置。

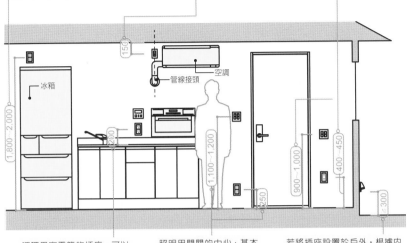

調理用家電等的插座，可以設想實際在該場所操作機器的狀況，並設置於接近手邊的位置。基本上只要設置於比擺放機器的水平面高 200mm 處，使用起來就能很方便。

照明用開關的中心，基本上距離地板約 1,100～1,200mm。開關正下方設置高約 250mm 插座，就比較不容易被家具遮住，使用起來更方便。

若將插座設置於戶外，根據內線規程[※]3202-2 規定，①安裝高度必須距離地面或樓地板面 300mm 以上，②必須使用具有防雨功能的插座，或是收納於防水箱中。

配合吸塵器的插座高度

▷ 有線吸塵器

如果使用有線吸塵器，可以在走廊等地點也設置吸塵器用的插座。由於拔插頻率較高，高度至少設定為 300～400mm。

▷ 無線吸塵器

無線吸塵器每次都需要充電，因此在收納側牆面前方的牆面設置高 900mm 的插座，使用起來就能很方便。

▷ 掃地機器人

掃地機器人有效活用收納與樓梯下方的空間，在距離地板高約 150mm 處配置充電座用的插座，就不會太顯眼。

插座種類

▷ 附 USB

手機或平板等裝置，不需要電源轉接頭就能充電。設置於距離桌面高約 200mm 處，使用起來就很方便。

▷ 地板型

平常收納於地面，只有使用時才拉出。這麼一來，在遠離壁面之處也能使用電源。

▷ 防水型

庭院或陽台等戶外也能安全使用電源的插座。安裝位置距離地面高 300mm 以上。

▷ 磁鐵型

插入口是磁鐵，即便扯到電線也不容易脫落。有高齡者的家庭能夠安心使用。

插座高度依用途決定

插座與開關的高度，隨著在這個空間使用的機器形狀以及插頭插拔的頻率而改變。重點在於盡可能具體地想像各房間的用途、面積與使用的機器等，並配合屋主的身高與生活型態思考配置。在此介紹各機器適合的基本設置高度。

解說：山田浩幸
※ 日本電氣協會為了安全使用電器設備，所制定的建築物電氣技術相關事項之民間自主規格。

嵌燈的直徑根據天花板的高度決定

為了避免損及空間的設計，嵌燈的口徑盡量不要太大，建議 φ75mm 左右即可。但如果天花板較高，為了維持照度，就需要更大型的燈具。如果天花板高 2,800mm 以上，除非抬頭看，否則燈具不容易進入視線，即使設置 φ100mm 以上的燈具也不會影響設計感。

如果是住宅，只要確保天花板夾層有 200mm 的空間，幾乎所有的嵌燈都能安裝。有些款式除了本體嵌入的深度之外，也規定了電源變壓器等附屬器具的高度，以及安裝這些器具所需的高度。必須仔細確認器具的規格。

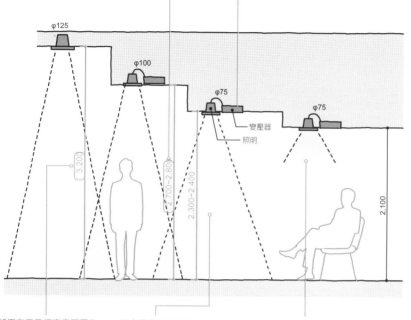

φ125
φ100
φ75
φ75

變壓器
照明

3.200
2.700~2.800
2.300~2.400
2.100

如果在天花板高度不同的場所，以相同照度照射相同面積地板，基本上天花板高度愈高，需要的照明燈具光量（lm）愈大，照度角 [※1] 愈小。

口金型嵌燈可以替換光源。如果配合天花板高度換成照度角合適的光源，即使空間的天花板高度不同，也能統一口徑

天花板較低的場所，譬如能夠在沙發上放鬆的客廳等，光源容易直接進入視線。因此比起光源指向性強的鹵素燈類型，最好採用光源柔和的白熾燈類型。除此之外，使用防眩光 [※2] 產品，或是如「DN-3299」（山田照明）等燈罩內側呈波型的光源，強光就比較不容易進入視線。

如何選擇照射天花板的內凹照明

間接照明的照明燈具與建材的距離較近，必須注意間隔距離。各產品與使用方法都有規定最小施工尺寸，請務必確認規格。

照度角的選擇，將隨著光線延伸到多遠而改變。如果天花板較高，且希望光線延伸得較遠，請選擇中角度類型（35°），如果希望光線朝著水平方向延伸，可選擇單方向的偏光或斜光類型（50°），如果希望光線柔和擴散，則選擇散光類型（65°）。

如果是照射天花板的間接照明，明暗截止線 [※3] 太寬將使得牆面的明暗界線太明顯。請確定照射的面。

中角度(35°)
斜光(50°)
散光(65°)

擋板
底板

照明燈具「燈條」（KOIZUMI照明）

擋板能夠調整照明的明暗截止線，也能夠隱藏器具。必須考慮天花板與牆的距離、器具本體的高度、空間大小等各條件再決定高度。除此之外，也有像「makuchan」（大光電機）這種不需要考慮擋板的產品。

對於間接照明而言，只呈現燈光，避免讓器具本體進入視野非常重要。調整底板的深度與擋板的高度，呈現優美的空間。

照明能夠透過不同的配置，為空間營造有魅力的氣氛，但另一方面也可能損及空間的設計。配置位置、照度角、亮度、光色的微妙差異，將會影響空間整體的印象。接下來將說明如何根據天花板高度，選擇嵌燈與間接照明燈具的尺寸與類型。

解說：SONOBE DESIGN OFFICE

※1 顯示照明燈具的光線擴散範圍的角度。指的是器具正下方的 1/2 照度點與光源連線所形成的角度。 | ※2 透過加深光源至開口的距離等方式，消除眩光等帶來不適感的光線的產品。 | ※3 光源照射出的光線邊界線。

照明設備的高度資料集

人體感測器與 LED 照明等照明相關器具，現在已經開發出小型、高性能的產品。想要熟練運用這些器具，掌握安裝時的限制相當重要。舉例來說，LED 照明雖然具有體積小、施工性高等優點，但器具愈小，通常就愈需要外部電源等附屬設備，安裝時必須考慮嵌入這些設備的尺寸。

▷ 人體感測器的感測範圍設定為距離地板 700mm

人體感測器分成安裝在天花板的類型，以及安裝在牆面的類型。安裝在天花板的類型，形狀類似嵌燈，因此並不顯眼。也有一些產品考量到設計感，將感測器的部分用罩子[※4] 罩起來。

感測器的原理是對人體移動造成的空氣溫度變化產生反應，因此感測範圍內請避免設置白熾燈、空調設備以及觀葉植物等。照明燈具的安裝位置也至少必須距離 400mm。

距離感測器愈遠，感測範圍愈廣，因此請使用專用罩子罩住以縮小感測範圍（圖中虛線範圍），或是移動感測器的方向調整感測範圍。為了能夠感測手的動作，感測範圍可設定在距離地板高約 700mm 處。

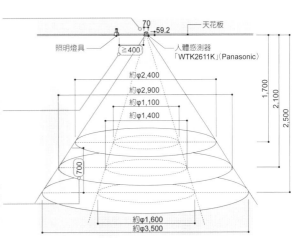

LED 燈條間接照明的施工尺寸

「Luci silux 100V」（Luci）的本體高度為 21.9mm，不需要專用的外部電源。如果能夠使用 100V 的插頭，即使產品報廢，也可以使用別的器具取代。圖中為使用於檐板照明時建議的施工尺寸。

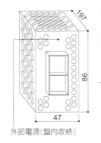

外部電源（盤內收納）

最近也愈來愈多希望在浴室安裝間接照明的需求。「Modular LED's Bar 24V」（MORIYAMA）雖然需要外部電源，但採用了防潮規格，因此也可使用於浴室與戶外。圖中為使用於浴室的檐板照明時最小的施工尺寸。

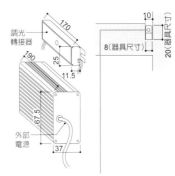

「Extreme Compact」（DN 照明）寬 8mm，最小可安裝於 10mm 的縫隙。需要外部電源與調光轉接器。圖中為最小施工尺寸。

▷ 安裝嵌燈必要的高度

安裝的必要的高度為，各照明燈具與附屬設備施工所需的天花板夾層最低高度。不同產品也需要不同的間隔距離。

能夠改變光源角度的通用類型，以及能夠更換光源的口金類型，即使只有器具本體的高度，也需要約 110～140mm。

| 基本類型 | 防眩光類型 | 通用類型 | 口金類型 |

※4 重視設計性而隱藏內部結構的罩子。但裝上罩子之後，有效感測高度會變低，必須注意。
※5 淺型可安裝的天花板厚度為 5～15mm，除此之外為 5～25mm。

引用・參考資料

『建築設計資料集成［人間］』日本建築学会・編・丸善出版・二〇〇三年

『建築設計資料集成［物品］』日本建築学会・編、丸善出版、二〇〇三年

『第2版コンパクト建築設計資料集成［住居］』日本建築学会・編、丸善出版、二〇〇六年

『人体寸法データ集、生命工学工業技術研究所編』人間生活工学研究センター發行、一九九六年

「身体を指標としたアキ寸法の計測に関する研究」東京大学博士学位論文、若井正一、一九九五年

「身体を指標とした居住空間のアキ寸法の計測と評価に関する調査研究報告書」（財）第一住宅建設協会編集・發行，若井正一、一九九八年

「居住形態の変容からみた身体周囲のアキ寸法の動的計測と可視化に関する研究」文部科学省・科学研究費補助金2013-2015成果報告書，若井正一、二〇一六年

（社）人間生活工学研究センター、HQL データベースサイト人体計測値（https://www.hql.jp/database/）

「階段手すりの設置高さに関する研究」日本インテリア学会論文報告集18号、布田健、2008

「階段の定量的安全性評価手法確立のための基礎的研究」日本インテリア学会論文報告集20号、布田健、二〇一〇年

「安全な車いす降行のためのスロープ形状に関する実験研究」日本インテリア学会論文報告集21号、布田健、二〇一一年

『戸建て・集合住宅・オフィスビル 建築設備パーフェクトマニュアル2018-2019』、山田浩幸、エクスナレッジ、二〇一一年

『ヤマダの木構造』山田憲明、エクスナレッジ、二〇一七年

作者簡介

青木律典
DesignLife 設計室
一九七三年出生於神奈川縣。曾任職於日比生寬史建築計畫研究所、田井勝馬建築設計工房，二〇一〇年成立青木律典建築設計工作室。該工作室於二〇一五年改組，更名為 DesignLife 設計室。

安藤和浩
Ando Atelier
一九六二年出生於東京都。一九八五年畢業於武蔵野美術大學建築學科。一九八八年成立 Ando Atelier。一九九〇年與湯姆・赫尼根（Tom Heneghan，英國人）共同成立 Architecture Factory，參與熊本縣 Artpolis 都市計畫事業。一九九一年擔任富山縣「創造城市面孔」事業的計畫協調人。一九九八年重新展開 Ando Atelier 的活動。

小野喜規
小野設計建築設計事務所
一九七四年出生於京都府。一九九九年畢業於早稻田大學研究所理工學研究科學士課程。曾任職於山下設計、村田靖夫研究室，二〇〇五年成立小野設計建築設計事務所。

北村佳巳
北村建築工房
一九六五年出生於神奈川縣。一九八八年畢業於神奈川大學工學院建築學科。同年加入小田急不動產公司。一九九三年加入現在的北村建築工房。二〇一〇年公司名稱變更為北村建築工房，同時就任負責人。

齋藤文子
3110ARCHITECTS 一級建築士事務所
一九七四年出生於長野縣。一九九八年畢業於日本大學理工學院建築學科。曾任職於本間至的 Bleistift 一級建築士事務所，二〇〇八年以設計事務所展開活動。二〇一三年成立一級建築士事務所齋藤文子建築設計事務所。二〇一八年更名為 3110ARCHITECTS 一級建築士事務所。

飯塚豐
i＋i 設計事務所
一九六六年出生於東京都。一九九〇年畢業於早稻田大學理工學院建築學科。曾任職於都市設計研究所、大高建築設計事務所，二〇〇四年成立 i＋i 設計事務所。二〇一一年改組為 i＋i 設計事務所股份有限公司。

井上久實
井上久實設計室
一九六七年出生於奈良縣。一九九〇年畢業於大阪市立大學生活科學院居住學科。一九九〇～一九九八年任職於大林組大阪總公司建設設計部。一九九八～一九九九年旅居倫敦。二〇〇〇年成立井上久實設計室。

佐藤欣裕
MOLX 建築社
一九八四年出生於秋田縣。二〇一二年起擔

作者簡介

任 MOLX 建築社員責人。

真田大輔
諏訪製作所
一九七六年出生於茨城縣。一九九八年業於武藏工業大學建築學科。一九九九年任職於手塚建築研究所。二〇〇二年成立 SUWA─諏訪製作所。

柴秋路
akimichi design
一九七四年出生於東京。一九九七年業於工學院大學工學部機械科。二〇〇六年從青山製圖專門學校建築科畢業後，曾擔任店鋪設計・監理。二〇〇八年加入 RIOTADESIGN。二〇一二年成立 akimichidesign。從事新建住宅、店鋪、家具等的設計。

島田貴史
島田設計室
一九七〇年出生於大阪府。一九九四年業於筑波大學藝術專門學群，主修環境設計。曾任職於 PREC 研究所，二〇〇八年成立島田設計室。二〇年起擔任明星大學建築學院兼任講師。

杉浦傳宗
藝術與工藝建築研究所
一九五一年出生於愛知縣。於東京理科大學理工學院建築學科。一九九七年畢業。同年加入大高建築設計事務所。一九八三年成立藝術與工藝建築設計事務所。

杉浦充
JYUA ARCHITECT 充綜合計畫一級建築士事務所
一九七一年出生於千葉縣。一九九四年業於多摩美術大學美術學院建築科。同年加入 Nakano Corporation。一九九九年畢業於多摩美術大學研究所設計科碩士課程。二〇一二年成立 JYUA ARCHITECT 充綜合計畫一級建築士事務所設立。二〇一〇年擔任京都藝術大學兼任講師。二〇二一年擔任日本大學兼任講師・ICSICS 藝術學院兼任講師。NPO 法人築巢會理事・社團法人建築家住宅會監事。

關尾英隆
Asunaro 建築工房
一九六九年出生於兵庫縣。一九九五年畢業於東京工業大學研究所理工學研究科碩士課程。曾任職於日建設計、沖工務店，二〇〇九年成立 Asunaro 建築工房。

關本龍太
RIOTADESIGN
一九七一年出生於埼玉縣。一九九四年業於日本大學理工學院建築學科，至一九九九年為止任職於 AD Network 建築研究所。二〇〇〇～二〇〇一年前往芬蘭的赫爾辛基理工大學（現在的阿爾托大學）留學。回國後二〇〇二年成立 RIOTADESIGN。

田野惠利
Ando Atelier
一九六三年出生於栃木縣。一九八五年業於武藏野美術大學建築學科。一九八六年加入 Lemming House，師事中村好文。一九九一年加入 Architecture Factory。一九九八年成為 Ando Atelier 合夥人。

土田拓也
no.555 一級建築士事務所
一九七三年出生於福島縣。一九九六年業於關東學院大學建設工學科。一九九六～二〇〇一年任職於前澤建築事務所。二〇〇一年……五年成立 no.555 一級建築士事務所。二〇一四年改組成為股份有限公司。

竹內昌義
MIKAN Architects
一九六二年出生於神奈川縣。一九八九年畢業於東京工業大學研究所碩士課程。一九八九～一九九一年任職於 Workstation 一級建築士事務所。一九九一年成立竹內昌義工作室。一九九五年開設 MIKAN Architects。二〇〇一年起就任東北藝術工科大學助理教授。二〇〇五年升任教授。二〇一四年起擔任能源社造公司法人代表。

園部龍太
SONOBE DESIGN OFFICE
一九六八年出生於京都府。一九九〇年畢業於京都藝術短期大學（現在的京都藝術大學）。同年加入照明廠商小泉產業（現在的 KOIZUMI 照明）。二〇一二年成立 SONOBE DESIGN OFFICE。

丹羽修
NL Design 設計室
一九七四年出生於千葉縣，為同卵雙胞胎之一。一九九七年畢業於芝浦工業大學工學院建築學科。二〇〇三年成立 NL Design 設計室。工作室位於千葉縣柏市・神奈川縣鎌倉市。NPO 法人築巢會會員。

布田健
國立研究開發法人 建築研究所 建築生產研究集團 集團負責人
一九六五年出生於東京都。一九八九年畢業於東京理科大學工學院建築學科。一九九五年於東京理科大學研究所工學研究科建築學組博士取得同大學博士學位（工學）。曾任日本學術振興會特別研究員、科學技術振興事業團科學技術研究員、國土技術政策綜合研究所住宅資訊系統研究官，而後擔任現職。

根來宏典
築紡
一九七二年出生於和歌山縣。一九九五年業於日本大學生產工學院建築工學科。同年加入古市徹雄都市建築研究所。二〇〇四年成立根來宏典建築研究所。二〇一二年改名為築紡。二〇〇五年於日本大學研究所取得博士學位（工學）。NPO 法人築巢會會員（二〇一二～二〇一八年擔任代表理事）。二〇二一年擔任京都美術工藝大學講師。

日影良孝
日影良孝建築工作室
一九六一年出生於岩手縣。一九八一年畢業於中央工學校。一九九六年成立日影良孝建築工作室。

廣部剛司
廣部剛司建築研究所
一九六八年出生於神奈川縣。一九九一年從日本大學理工學院畢業後，加入蘆原建築設計研究所。工作7年後，花了8個月的時間走訪全球知名建築。回國後於一九九九年成立廣部剛司建築設計室。二〇〇九年改組為廣部剛司建築研究所股份有限公司。目前是日本大學理工學院講師。

藤原慎太郎
藤原・室建築設計事務所
一九七四年出生於大阪府。一九九七年畢業於近畿大學理工學院建築學科。一九九九年畢業於同大學研究所工學研究科。二〇一一年成立藤原・室建築設計事務所。

前田哲郎
前田工務店
一九七七年出生於神奈川縣。二〇〇四年成立前田工務店。二〇〇九年成立藤原・室建築設計事務所。

松原正明
木木設計室
一九五六年出生於福島縣。畢業於東京電機大學工學院建築學科。一九八六年成立松原正明建築設計室。二〇一八年改名為木木設計室。NPO法人築巢會設計會員。

松本直子
松本直子建築設計事務所
一九六九年出生於東京。一九九二年畢業於早稻田大學居住學科。曾任職於川口通正建築研究所，一九九七年成立松本直子建築設計事務所。

三澤文子
Ms建築設計事務所
一九五六年出生於靜岡縣。一九七九年畢業於奈良女子大學理學院物理學科。一九八二年加入現代計畫研究所。一九八五年合夥成立Ms建築設計事務所。

村田淳
村田淳建築研究室
一九七一年出生於東京。一九九五年畢業於東京工業大學工學院建築學科。一九九七年從東京工業大學研究所建築學科碩士課程畢業後，加入Archivision建築研究所。二〇〇七年成為村田靖夫建築研究室代表。二〇〇九年改名為村田淳建築研究室。

室喜夫
藤原・室建築設計事務所
一九七四年出生於愛知縣。一九九九年畢業於近畿大學理工學院建築學科。二〇〇二年成立藤原・室建築設計事務所。

山崎壯一
山崎壯一建築設計事務所
一九七四年出生於兵庫縣。一九九七年畢業於同大學理工學院研究科。一九九九~二〇〇四年任職於矢板建築研究所。二〇〇四~二〇〇八年曾參與策劃工班，二〇〇九年開設山崎壯一建築設計事務所。

山田憲明
山田憲明構造設計事務所
一九七三年出生於東京。一九九七年畢業於京都大學工學院建築學科。同年進入增田建築構造事務所。二〇一二年成立山田憲明構造設計事務所。

山田浩幸
yamada machinery office
一九六三年出生於新潟縣。一九八五年畢業於讀賣東京理工專門學校建築設備學科。曾任職於鄉設計研究所等公司，二〇〇二年成立yamada machinery office。設計各式各樣的建築設備，無論住宅或非住宅。主要著作有《不需要冷氣的房子》《建築設備完美手冊》《全世界最簡單的建築設備》等。

藝術大學。一九八四~一九八五年前往英國皇家藝術大學（海外派遣研究員）。一九八八~一九八九年進入東京大學工學院建築學（國內派遣研究員）。一九九五年取得東京大學博士學位（工學）。二〇一五~二〇一六年進入東京藝術大學研究所美術研究（設計組研究生）。二〇一五年起擔任日本大學榮譽教授。一級建築士

若原一貴
若原工作室
一九七一年出生於東京。一九九四年畢業於日本大學藝術學院。同年進入橫河設計工房。二〇〇〇年成立若原工作室。二〇〇九年擔任東京建築Access Point理事。二〇一六年起擔任日本大學藝術學系設計學科副教授。

若井正一
日本大學榮譽教授
一九四六年出生於新潟縣。一九七三年畢業於日本大學理工學院建築學科。一九七五年畢業於同大學研究所工學研究科，主修建築學。一九八四~一九八五年前往英國皇家藝術大學（海外派遣研究員）。一九八八~一九八九年進入東京大學工學院建築學（國內派遣研究員）。一九九五年取得東京大學博士學位（工學）。二〇一五~二〇一六年進入東京藝術大學研究所美術研究（設計組研究生）。二〇一五年起擔任日本大學榮譽教授。

國家圖書館出版品預行編目資料

一輩子用得上的尺寸事典，全能住宅裝修必備／X-Knowledge 著；
林詠純 譯 .-- 初版 -- 臺北市：如何出版社有限公司，2022.08
　　144 面；18.8×26 公分 --（Idea Life；36）
譯自：一生使えるサイズ事典 住宅のリアル寸法：完全版
　　ISBN 978-986-136-630-2（平裝）

　　1.CST：房屋建築　2.CST：室內設計　3.CST：空間設計

441.58　　　　　　　　　　　　　　　　　　　111009261

www.booklife.com.tw　　　　　　　　reader@mail.eurasian.com.tw

Idea Life 36

一輩子用得上的尺寸事典，全能住宅裝修必備

作　　　者／X-Knowledge
譯　　　者／林詠純
發 行 人／簡志忠
出 版 者／如何出版社有限公司
地　　　址／臺北市南京東路四段50號6樓之1
電　　　話／（02）2579-6600・2579-8800・2570-3939
傳　　　真／（02）2579-0338・2577-3220・2570-3636
總 編 輯／陳秋月
副總編輯／賴良珠
責任編輯／柳怡如
校　　　對／柳怡如・丁予涵
美術編輯／林韋伶
行銷企畫／陳禹伶・羅紫薰
印務統籌／劉鳳剛・高榮祥
監　　　印／高榮祥
排　　　版／杜易蓉
經 銷 商／叩應股份有限公司
郵撥帳號／18707239
法律顧問／圓神出版事業機構法律顧問　蕭雄淋律師
印　　　刷／龍岡數位文化股份有限公司
2022 年 8 月　初版
2024 年 5 月　10 刷

ISSHO TSUKAERU SIZE JITEN JYUUTAKU NO REAL SUNPO KANZENBAN
© X-Knowledge　Co., Ltd. 2022
Originally published in Japan in 2022 by X-Knowledge Co., Ltd
Chinese (in complex character only) translation rights arranged with
X-Knowledge Co., Ltd
Complex Chinese translation copyright © 2022 by
Solutions Publishing, an imprint of Eurasian Publishing Group
All rights reserved.

定價450元　　　　ISBN 978-986-136-630-2　　　　版權所有・翻印必究
◎本書如有缺頁、破損、裝訂錯誤，請寄回本公司調換　　　Printed in Taiwan